Die

Anatomie des Pferdes

in

70 lithographirten Tafeln,

mit

erklärendem Text,

von

Dr. E. F. Gurlt,

Professor an der Königlichen Thierarzneischule in Berlin.

Berlin.

Gedruckt und verlegt bei G. Reimer.

1832.

Text

zu den

anatomischen Abbildungen

des

Pferdes.

Tabula 1.

Das Gerippe, mit dem Nackenbande, von der linken Seite gesehen.

Das Gerippe (sceleton) wird in die Knochen des Kopfes, des Rumpfes und der Gliedmaaßen eingetheilt.

Am Kopfe (caput)

ist das kleine oder Zwischenkieferbein (os intermaxillare) mit
1. bezeichnet, in dessen Körper
2.2. der linke Eck- und Mittel-Schneidezahn (dentes incisorii) sichtbar sind;
2.2. am Unterkiefer (15) bezeichnen die gleichnamigen Zähne.
3. Das große oder Oberkieferbein (os maxillare superius) hat an seiner Gesichtsfläche
4. das Unter-Augenhöhlenloch (foramen infraorbitale), durch welches der Unter-Augenhöhlennerv und die obere Zahn-Arterie heraustreten.
5.5. Die linken Hakenzähne (dentes canini) des Ober- und Unterkiefers, die nur beim männlichen Geschlechte vollkommen sind.
6—6. Die sechs Backenzähne (dentes molares) des Oberkiefers, die des Unterkiefers werden durch jene fast ganz verdeckt.
7. Nasenbein (os nasi),
8. Thränenbein (os lacrymale),
9. Jochbein (os zygomaticum), sie sind alle drei mit dem Oberkieferbein durch Näthe verbunden.

10. Der Augenbogenfortsatz des Stirnbeins (processus orbitalis ossis frontis) verbindet sich mit
12. dem Jochfortsatze des Schläfenbeins (processus zygomaticus) und hat über sich
11. das Scheitelbein oder Seitenwandbein (os bregmatis s. parietale) und
12. den Schuppentheil des Schläfenbeins (pars squamosa ossis temporum).
13. Der äußere Gehörgang (meatus auditorius externus),
14. des Hinterhauptsbeins (os occipitis) und
15. der Unterkiefer (maxilla inferior).

Der Rumpf (truncus)

besteht aus

1—7. sieben Halswirbeln (vertebrae colli), von welchen 1. der Atlas oder Träger (atlas), 2. die Achse (epistropheus) genannt wird. Ferner aus
8—25. achtzehn Rücken- oder Brustwirbeln (vertebrae dosi); von welchen die Dornfortsätze (processus spinosi) des 3ten bis 6ten (10—13.) den Widerrüst bilden.
26.—31. Sechs Lendenwirbel (vertebrae lumborum);
32. das Kreuzbein oder Heiligbein (os sacrum), aus 5 Wirbeln bestehend und
33.33. achtzehn Schwanzwirbel (ossa coccygis). Alle Wirbelbeine zusammen bilden die in der Mittellinie des Körpers liegende Wirbelsäule (columna vertebrarum).

Mit den achtzehn Rückenwirbeln sind

a—s. achtzehn Paar Rippen (am Bilde sind nur die der linken Seite deutlich sichtbar) verbunden, von welchen die vordern acht Paar
a—h. wahre (costae verae), die mit dem Brustbeine durch die unteren Knorpel verbunden sind, und die hintern zehn Paar
i—s. falsche Rippen (costae spuriae), deren Knorpel nur unter einander verbunden sind, genannt werden. Alle Rippen bilden mit den Rückenwirbeln und
t. dem Brustbeine (sternum) den Brustkasten (thorax).

Zum Rumpfe gehören noch

34.34. das linke (und rechte) Beckenbein oder unbenannte Bein (ossa pelvis s. innominata).

Der Kopf wird mit der Wirbelsäule, und die Wirbel werden unter einander durch

A. A. A. den Nacken- und Rückentheil, und

B. den Halstheil des Nackenbandes (ligamentum nuchae) verbunden.

Jede vordere Gliedmaaße (extremitas anterior) besteht aus

1. dem Schulterblatt (scapula), welches einen Winkel von 45° mit

2. dem Armbeine (os brachii s. humeri) bildet.

3. 3. Die Speiche oder der Kegel (radius) und

4. das Ellenbogenbein oder die Keule (ulna) bilden den Vorderarm, welcher senkrecht auf der Vorder-Fußwurzel oder dem Vorderknie (carpus) steht. Diese besteht aus 7 Knochen, nämlich

5. dem dreieckigen Beine (os semilunare),

6. dem unregelmäßigen Beine (os triquetrum),

7. dem Hakenbeine (os hamatum) (welche an der linken Gliedmaaße sichtbar sind); ferner aus

8. dem halbmondförmigen oder Kahnbeine (os naviculare),

9. dem ungleich vierseitigen (os multangulum majus),

10. dem kleinen keilförmigen Beine (os multangulum minus) (die an der rechten Gliedmaaße sichtbar sind) und

11. aus dem großen keilförmigen Beine (os capitatum) (an der linken Gliedmaaße sichtbar).

Der Vorder-Mittelfuß (metacarpus) enthält 3 Knochen, nämlich

12. 12. das Schienbein (os metacarpi medium),

13. das innere Griffelbein (os metac. internum) und

14. das äußere Griffelbein (os metac. externum). Am Schienbeine, an der hintern Fläche des untern Endes, liegen

15. 16. die Sesam- oder Gleichbeine (ossa sesamoidea superiora).

Der Vorderfuß (pes anterior) (eigentlich der Mittelfinger, digitus medius) welcher schräg nach vorn gerichtet ist, besteht aus

17. 17. dem Fesselbeine (phalanx prima digiti),

18. 18. dem Kronenbeine (phalanx secunda),

19. 19. dem Hufbeine (phalanx tertia) und
20. 20. aus dem Strahlbeine (os sesamoideum inferius).

Jede hintere Gliedmaaße (extremitas posterior) wird eingetheilt in den Oberschenkel (femur), welchem
1. 1. das Backen- oder Oberschenkelbein (os femoris) und
2. 2. die Kniescheibe (patella), die dem Ellenbogenhöcker der vordern Gliedmaaße entspricht, zur Grundlage dienen. Ferner wird sie eingetheilt in den Unterschenkel (crus), der aus
3. 3. dem Schenkel- oder Schienbeine (tibia) und
4. dem Wadenbeine (fibula) besteht; in das Sprunggelenk oder die Hinter-Fußwurzel (tarsus) in welcher 6 Knochen enthalten sind, nämlich:
5. das Sprungbein (calcaneus s. os calcis),
6. 6. das Rollbein (astragalus s. talus),
7. 7. das große schiffförmige Bein (os naviculare),
8. 8. das kleine schiffförmige oder dritte keilförmige Bein (os cuneiforme tertium),
9. das Würfelbein (os cuboideum),
10. das Pyramidenbein oder erste keilförmige Bein (os cuneiforme primum) (das zweite keilförmige Bein fehlt dem Pferde). Der Hinter-Mittelfuß (metatarsus) besteht wie der vordere, aus
11. 11. dem Schienbeine (os metatarsi medium),
12. dem innern Griffelbeine (os metat. internum),
13. aus dem äußern Griffelbeine (os metat. externum) und endlich
14. 15. aus den Sesambeinen. Der Hinterfuß (pes posterior) oder eigentlich die Mittelzehe (digitus medius pedis) hat dieselbe Zahl von Knochen wie der Vorderfuß, nämlich
16. 16. das Fesselbein (phalanx prima),
17. 17. das Kronenbein (phalanx secunda),
18. 18. das Hufbein (phalanx tertia) und
19. 19. das Strahlbein (os sesamoideum inferius).

Tabula 2.

Figur 1. Der Kopf (ohne Unterkiefer), von oben gesehen.

1. Der Kamm des Hinterhauptsbeines (crista ossis occipitis), welcher zur Anheftung mehrerer Kopfstrecker dient, ist unpaar und mit

2.2. den Scheitelbeinen (ossa bregmatis s. parietalia) durch die Lambda- oder Winkel-Naht (sutura lambdoidea s. angularis) verbunden.

Die Scheitelbeine sind in der Mittellinie durch die Pfeil-Naht (sutura sagittalis) verbunden und haben zur Seite

3.3. die Schuppentheile der Schläfenbeine (partes squamosae ossium temporum), von welchen jedes mit dem Scheitelbeine seiner Seite durch die Schuppen-Naht (sutura squamosa) verbunden ist.

4.4. Die Schläfengänge (meatus temporales) liegen am Grunde

5.5. der Jochfortsätze der Schläfenbeine (processus zygomatici) und dienen zum Austritt der obern Gehirnvenen.

6.6. Die Stirnbeine (ossa frontis) sind durch die Stirn-Naht (sutura frontalis) in der Mittellinie unter sich, und mit den Scheitelbeinen (2. 2.) durch die Kranz-Naht (sutura coronalis) an den hintern Rändern verbunden. Jedes hat in dem nach außen gerichteten Augenhöhlen-Fortsatze (processus orbitalis),

7.7. das Ober-Augenhöhlenloch (foramen supraorbitale), durch welches die Stirn-Arterie und der Stirn-Nerv (vom 5ten Nerven) aus der Augenhöhle tritt.

8.8. Die Augenhöhle (orbita) ist bei dem Pferde im Umkreise geschlossen.

9.9. (10.) Die Nasenbeine (ossa nasi) sind mit den Stirnbeinen (6. 6.) durch eine Blatt-Naht (sutura lamellosa), unter sich durch eine falsche Naht (harmonia) und mit

10.10. den Thränenbeinen (ossa lacrymalia) durch eine wahre Naht (sutura vera) verbunden. Jedes Thränenbein ist durch den Antlitztheil (pars facialis) mit dem Stirnbeine, mit

11.11. dem Jochbeine (os zygomaticum) und mit

12. 12. 12. 12. dem **großen Kieferbeine** (os maxillare superius) seiner Seite, durch Nähte verbunden. Die Jochbeine bilden durch die Jochleiste (crista ossis zygomatici) die Seitengränzen, und die großen Kieferkeine die Grundlage des Antlitztheiles vom Kopfe. Diese haben an der Antlitzfläche (superficies facialis)

13. 13. die **Unter-Augenhöhlenlöcher** oder Kieferkanäle (foramina infraorbitalia) durch welche der Unter-Augenhöhlennerv und die obere Zahnarterie an das Antlitz treten.

14. 14. 14. 14. Die **kleinen Kiefer- oder Zwischenkieferbeine** (ossa intermaxillaria) sind jedes durch den Nasenfortsatz mit dem großen Kieferbeine und dem Nasenbeine, und durch den Körper unter sich verbunden. Zwischen beiden Körpern ist

15. das **Schneideloch** oder **vordere Gaumenloch** (foramen incisivum s. palatinum anterius), zum Durchgange der vereinigten Gaumenarterien bestimmt. An dem vorderen Ende eines jeden großen Kieferbeines liegt bei männlichen Thieren

16. 16. der **Hakenzahn** (dens caninus s. laniarius). In den Körpern der kleinen Kieferbeine liegen

17. 17. die **Eckzähne** (dentes incisorii externi),

18. 18. die **Mittelzähne** (dentes incisorii medii), und

19. 19. die **Zangen** (dentes incisorii interni).

Figur 2. Der Kopf (ohne Unterkiefer), von unten gesehen.

1. Der **Genickfortsatz des Hinterhauptsbeines** (protuberantia occipitalis externa) dient zur Anheftung des Nackenbandes und der kleineren Kopfstrecker.

2. Das **große Hinterhauptsloch** (foramen magnum occipitis) ist zum Durchtritt des verlängerten Markes bestimmt, und an den Seiten von

3. 3. den **Knopffortsätzen** (processus condyloidei) des Hinterhauptsbeines begrenzt, welche zur Verbindung mit dem ersten Halswirbel dienen.

4. 4. Die **Griffelfortsätze** (processus styloidei) gehören auch noch zum Hinterhauptsbeine, eben so

5. das **Grundstück** oder der Keilbeinfortsatz (pars basilaris), welcher mit dem Keilbeine (12.) in der Jugend durch Knorpel verbunden ist.

6.6. Die Felsentheile der Schläfenbeine (partes petrosae ossium temporum) enthalten das Gehörorgan; jeder hat an der Pauke

7.7. den Griffelfortsatz (processus styloideus) welcher der Ohrtrompete und zwei kleinen Gaumen=Muskeln zur Anheftung dient. Die Schuppentheile der Schläfenbeine haben an ihren Jochfortsätzen

8.8. die Zitzenfortsätze oder Gelenkhügel (tubercula articularia) und vor diesen

10.10. die Gelenkgruben (foveae articulares) für den Unterkiefer; jeder Schuppentheil begränzt von außen

9.9. das gerissene Loch (foramen lacerum), durch welches der 9te, 10te und 11te Nerve, und die untere Gehirnvene herausgehen, die Drossel=Arterie aber in die Schädelhöhle hinein geht.

11.11. Die kleinen Flügel (alae parvae) und

12. der Körper des Keilbeins (corpus s. diaphysis ossis sphenoidei) bilden einen Theil der Grundfläche des Hirnschädels. Am Grunde eines jeden Flügelfortsatzes des Keilbeins befindet sich

13.13. das Flügelloch (foramen pterygoideum), zum Durchgange der innern Kinnbacken=Arterie bestimmt. In der Mittellinie liegt das unpaare

14. Pflugschaarbein (vomer), welches zur Scheidung der beiden Nasenhöhlen und der hinteren Nasenöffnungen (19.19.) beiträgt.

15.15. Die Augenhöhlenfortsätze der Stirnbeine;

16.16. die Jochbeine, welche sich mit

17.17. den hintern Enden der großen Kieferbeine verbinden.

18.18. Die Flügelbeine (ossa pterygoidea) sind mit den Flügelfortsätzen des Keilbeins verbunden.

19.19. Die hinteren Nasenöffnungen (choanae) werden nach vorn durch

20.20. die Gaumenbeine (ossa palatina) begränzt. Zwischen diesen Knochen und den großen Kieferbeinen liegen

21.21. die Gaumenkanäle (canales pterygopalatini anteriores), durch welche die Gaumen=Arterie und der Gaumen=Nerve an jeder Seite hervorkommt.

22.22.22.22. Die Gaumenfortsätze der großen Kieferbeine (pcocessus palatini) haben kleine Löcher, die zu den Nasenhöhlen führen, und bilden zusammen mit

23.23. den Gaumenfortsätzen der Zwischenkiefer=

beine (proc. palatini ossium intermaxillarium) den Boden der Nase.

24 24. Die Körper der Zwischenkieferbeine (corpora oss. intermax.), mit

25. dem Schneideloch (foramen incisivum) in der Mitte, enthalten die sechs Schneidezähne, deren Kronen mit den Reibeflächen hier sichtbar sind, nämlich

28. 28. die Eckzähne (dentes incisorii externi),

29. 29. die Mittelzähne (— — medii), und

30. 30. die Zangen (— — interni). Die großen Kieferbeine enthalten

26. 26. 26. 26. zwölf Backenzähne oder Stockzähne (dentes molares) und

27. 27. zwei Hakenzähne (dentes canini s. laniarii).

Figur 3. Die rechte Hälfte des senkrecht der Länge nach durchschnittenen Kopfes, ohne Nasenscheidewand, von der innern Seite.

1. Der Körper,

2. der Nasenfortsatz des kleinen Kieferbeins,

3. 3. Nasenbein,

4. die innere oder Nasenfläche des großen Kieferbeins (superficies nasalis maxillae superioris).

5. Der untere Nasengang (meatus narium infimus), liegt zwischen

6. dem Gaumenfortsatze des großen Kieferbeins und

8. 8. der untern Nasenmuschel (concha nasalis infima). Zwischen ihr und

7. 7. der oberen (mittleren) Nasenmuschel (concha media) bleibt der mittlere Nasengang (meatus narium medius), und über dieser ist der obere Nasengang (m. n. supremus).

9 a. Die oberste Muschel (concha suprema) und

9 b. 9 b. das Labyrinth (labyrinthus) gehören zum Siebbeine (os ethmoideum).

10. Das Gaumen-Nasenloch (foramen sphenopalatinum) dient zum Durchgange des hinteren Nasen-Nerven und der hinteren Nasen-Arterie.

11. Die Kieferhöhle (sinus maxillaris s. antrum Highmori),

12. 12. die Keilbeinhöhle (sinus sphenoidalis) und

15. die Stirnhöhle (sinus frontalis) stehen mit der Nasenhöhle in Verbindung.
13. Das Häkchen (hamulus) und
14. der Körper des Flügelbeins (corpus ossis pterygoidei).
16. Das Scheitelbein,
17. 17. das Hinterhauptsbein bilden mit dem hinteteren Theile des Stirnbeins die obere, hintere und Seitenwand
18. 18. der Schädelhöhle (cavitas cranii), welche durch
19. das knöcherne Zelt (tentorium osseum) in eine vordere größere Hälfte, für das große, und in eine hintere kleinere Hälfte, für das kleine Gehirn, getheilt ist.
19 b. Der Schläfengang (meatus temporalis),
20. 20. die innere Fläche des Felsenbeins (superficies interna partis petrosae) mit
21. dem innern Gehörgange (meatus s. porus acusticus internus).
22. Das gerissene Loch (foramen lacerum),
23. das Knopffortsatzloch (foramen condyloideum anterius) dient dem 12ten Nerven zum Durchtritt.
24. Körper des Kielbeins.
25. Grundtheil des Hinterhauptsbeines.
26. Schneidezähne.
27. Hakenzahn.
28. 28. Backenzähne.

Figur 4. Die rechte Hälfte des senkrecht der Länge nach durchschnittenen Kopfes, mit der Nasenscheidewand, von der innern Seite.

1. Körper des kleinen oder Zwischen=Kieferbeins,
2. Nasenbein,
3. Stirnbein,
4. Scheitelbein,
5. 5. Hinterhauptsbein.
6. 6. Scheidewand der linken und rechten Stirnhöhle (septum sinuum frontalium).
7. 7. Die knorpelige Scheidewand der Nase (septum narium cartilagineum) ist nach hinten an
8. die senkrechte Platte des Siebbeins (lamina perpendicularis ossis ethmoidei), nach unten in der Furche

9. 9. des Pflugschaarbeins (vomer) und an die Gaumenfortsätze der großen und kleinen Kieferbeine, nach oben an die Nasenbeine (2. 2.) befestigt. Nach vorn ist die Scheidewand frei.

10—19. bezeichnen dieselben Theile, wie 12—25. bei Fig. 3.

20. Die hintere Nasenöffnung (choana).

21. Gaumenfortsatz des großen Kieferbeins.

22—24. Die Zähne, wie 26—28. bei Fig. 3.

Figur 5. Der Hirnschädeltheil mit geöffneter, und von oben (und hinten) gesehener Schädelhöhle.

1. 1. Nasentheile der Stirnbeine (partes nasales ossium frontis).

2. 2. Augenhöhlenfortsätze derselben,

3. 3. Obere Augenhöhlenlöcher.

4. 4. Die Jochfortsätze der Schläfenbeine verbinden sich bei dem Pferde mit den Stirnbeinen und Jochbeinen.

5. 5. Die Schläfengruben (fossae temporales) werden von den Schläfenmuskeln ausgefüllt.

6. 6. Die Stirnhöhlen (sinus frontales),

7. der Hahnenkammfortsatz des Keilbeins (crista galli ossis sphenoidei) hat an jeder Seite

8. 8. die Siebplatte des Siebbeins (lamina cribrosa ossis ethmoidei), durch deren Löcher die Zweige des Riechnerven in die Nasenhöhle treten. An der obern Fläche des Keilbeins liegen:

9. 9. die Sehnervenlöcher (foramina optica), zum Durchgange der Sehnerven in die Augenhöhlen bestimmt; an jeder Seite

10. 10. ein kleines Loch für den Rollnerven (foramen pro nervo trochleari), dann

11. 11. die Augenhöhlenspalten (fissurae orbitales superiores), durch welche der 3te, 6te und erste Ast des 5ten Nerven gehen; unter ihnen liegen die runden Löcher (foramina rotunda), die zum Durchgange des 2ten Astes vom 5ten Nerven bestimmt sind. In der Mitte des Keilbeinkörpers ist eine Grube, welche

12. der Türkensattel (sella turcica s. equina) genannt wird und zur Aufnahme der Schleimdrüse des Gehirns dient.

13. 13. Die Felsenbeine,
14. 14. die gerissenen Löcher,
15. die obere Fläche des Grundfortsatzes vom Hinterhauptsbeine,
16. 16. die Knopffortsatzlöcher desselben Knochens,
17. 17. die äußern Gehörgänge.
18. 18. Die Warzenfortsätze (processus mastoidei) der Schläfenbeine,
19. 19. Griffelfortsätze und
20. 20. Knopffortsätze des Hinterhauptsbeines.

Figur 6. Querdurchschnitt des hinteren Theiles vom Hirnschädel.

1. Der Hinterkopf (occiput),
2. 2. das knöcherne Zelt (tentorium osseum), welches nur bei dem Pferde, dem Hunde und der Katze vorkommt, zur Anheftung des häutigen Gehirnzeltes dient, und das große von dem kleinen Gehirn scheidet, so daß hinter ihm
3. die Höhle für das kleine Gehirn (cavitas pro cerebello) und vor ihm
4. 4. die Höhle für die Halbkugeln des großen Gehirns (cavitas pro cerebro) liegt.
5. Das große Hinterhauptsloch (foramen magnum occipitis),
6. 6. die quer durchgeschnittenen Jochfortsätze der Schläfenbeine,
7. 7. die Griffelfortsätze des Hinterhauptsbeines,
8. 8. die Griffelfortsätze der Felsenbeine,
9. 9. die Felsenbeine,
10. der Grundfortsatz des Hinterhauptsbeines und
11. der quer durchgeschnittene Körper des Keilbeins.

Figur 7. Der Unterkiefer (oder Hinterkiefer) von oben gesehen.

Der Unterkiefer (maxilla inferior) wird in den Körper (4.) und in die beiden Aeste (rami) eingetheilt; an diesen befinden sich

1. 1. die Gelenk- oder Knopffortsätze (processus condyloidei), welche mit den Gelenkgruben an den Schläfenbeinen verbunden werden,

2.2. die Kronenfortsätze (proc. coronoidei), an welche sich die Schläfenmuskeln anheften,
3.3.3.3. die innern Flächen der Aeste (superficies internae) die zum Theil von den innern Kaumuskeln bedeckt werden; der Raum zwischen den inneren Flächen der beiden Aeste nimmt die Zunge auf.
4. Der Körper des Unterkiefers (corpus maxillae inferioris) geht nach hinten in
5.5. die Zwischenzahnränder oder Laden (limbi alveolares inter dentes caninos et molares) über. Die Zahnhöhlenränder der Aeste enthalten
6.6. zwölf Backenzähne, deren Kronen mit den Reibeflächen nur sichtbar sind. Im Körper des Unterkiefers liegen
7.7. die Hakenzähne,
8.8. die Eckzähne,
9.9. die Mittelzähne und
10.10. die Zangen.

Tabula 3.

Figur 1. Der Hinterkopf und die drei ersten Halswirbel mit Bändern, von hinten und oben gesehen.

Knochen:

1. das Hinterhauptsbein,
2.2. die Scheitelbeine,
3.3. die Jochfortsätze der Schläfenbeine,
4.4. die Gelenkfortsätze des Unterkiefers,
5.5. die Flügel oder Querfortsätze des Trägers alae s. processus transversi atlantis),
6.6. die vordern äußern Löcher des Trägers (foramina antica externa atlantis) durch welche der vordere Zweig der Hinterhauptsarterie aufwärts geht,
7.7. die vordern innern Löcher desselben (foramina antica interna atlantis), die zum Durchgange der Grundarterie und des ersten Halsnerven dienen,
8.8. die hintern Löcher des Trägers (foramina po-

stica atlantis), durch welche der hintere Ast der Hinterhauptsarterie aufsteigt.

9. Der Kamm oder Dornfortsatz der Achse (crista s. processus spinosus epistrophei), an dessen hinteren Ausschnitt sich der Halstheil des Nackenbandes (Tab. 1. B.) anheftet;

10. 10. der Bogen dieses Wirbels (arcus epistrophei) unter welchem der Wirbelkanal liegt,

11. 11. die Zwischenwirbellöcher (foramina intervertebralia), durch welche das zweite Halsnervenpaar heraustritt,

12. 12. die Querfortsätze (processus transversi), zur Muskelanheftung, und

13. 13. die hintern schiefen Fortsätze (processus obliqui postici) zur Gelenkverbindung mit dem 3ten Halswirbel dienend.

14. Der Dornfortsatz,

15. 15. der Bogen,

16. 16. die Querfortsätze,

17. 17. die Wirbellöcher (foramina vertebralia), durch welche die Halswirbelarterie geht, und

18. 18. die hintern schiefen Fortsätze des dritten Halswirbels.

Bänder:

a. das abgeschnittene Nackenband (Tab. 1. A.);

b. das obere bedeckende Band (ligamentum obturatorium superius s. posterius), welches die Oeffnung zwischen dem Hinterhaupt und dem ersten Halswirbel bedeckt,

c. c. die Seitenbänder des Trägers (ligamenta lateralia s. accessoria atlantis), die diesen Knochen mit den Griffelfortsätzen des Hinterhauptsbeines (Tab. 5. Fig. 5. No. 19.) verbinden, und die Verrenkung zur Seite verhindern;

d. d. die Kapselbänder des Unterkiefers (ligamenta capsularia maxillae inferioris), welche die Zwischenknorpel (Fig. 4 und 5.) einschließen,

e. e. die hintern Bänder des Unterkiefers (ligamenta recta postica max. inferioris), durch welche die Verbindung mit den Zitzenfortsätzen der Schläfenbeine (Tab. 5. Fig. 2. No. 8.) bewirkt wird.

f. Das Zwischendornband des Trägers und der Achse (ligamentum interspinosum atlantis et epistrophei),

g.g. das Zwischenbogenband derselben (lig. intercrurale), welches wie h. das Rückenmark von oben bedeckt,
h.h. die Kapselbänder der schiefen Fortsätze (lig. capsularia processuum obliquorum) und
i. das Zwischenbogenband des 2ten und 3ten Halswirbels.

Figur 2. Dieselbe Ansicht derselben Figur, nur sind die Wirbelbogen entfernt und daher ist der Wirbelkanal offen.

Knochen:

1—5. wie bei Fig. 1.,
6.6. der zweite Halswirbel,
7.7. der dritte Halswirbel.

Bänder im Wirbelkanal:

a. das obere Band des Zahnfortsatzes (ligamentum epistrophei suspensorium), welches die Drehung des ersten Halswirbels am Zahnfortsatze des zweiten gestattet,
b.b. das obere lange Band (lig. longitudinale superius s. posterius), welches am 2ten Halswirbel entspringt, und durch die ganze Wirbelsäule bis in das Kreuzbein verläuft;
c.c. die Kapselbänder der Knopffortsätze (ligam. capsularia processuum condyloideorum), die von dem obern bedeckenden Bande verhüllt werden.

Figur 3. Der hintere Theil der Schädelgrundfläche und die drei ersten Halswirbel mit Bändern, von unten gesehen.

Knochen:

1.1. die Felsentheile der Schläfenbeine,
2. das Grundstück des Hinterhauptsbeines,
3.3. die Griffelfortsätze desselben,
4.4. die Flügelgruben des Trägers,
5. der Körper dieses Knochens,
6.} 7.} die Körper des 2ten und 3ten Halswirbels.

Bän=

Tabula 3. Figur 3. 4. 5.

Bänder:

a. das untere grade Band (lig. rectum s. lacertus medius), durch welches der Träger mit dem Hinterhaupt verbunden wird,

b. b. das untere bedeckende Band (lig. obturatorium inferius s. anterius), welches die Kapselbänder (Figur 2. c. c.) und das Rückenmark von unten bedeckt,

c. c. die Seitenbänder des Trägers (Fig. 1. c. c.),

d. das untere Band des Zahnfortsatzes der Achse (lig. processus odontoidei inferius) über welchem

e. e. das Kapselband dieses Fortsatzes liegt,

f. das Zwischenwirbelband (lig. intervertebrale) bedeckt den Zwischenwirbelknorpel und verstärkt die Verbindung der Wirbelkörper.

Figur 4. Der Zwischenknorpel des Unterkiefergelenkes (cartilago interarticularis) der rechten Seite, von oben gesehen.

Der Knorpel dient zur Vervollständigung des Gelenkes, indem die articulirenden Knochen nicht auf einander passen.

1. Das innere Ende,
2. das äußere Ende,
3. der vordere
4. der hintere Rand,
5. die obere Fläche, welche die Gelenkgrube am Jochfortsatze des Schläfenbeines berührt.

Figur 5. Derselbe Knorpel von unten.

1. Das innere, 2. das äußere Ende,

3. der hintere, 4. der vordere Rand,

5. die untere Fläche, welche den Gelenkfortsatz des Unterkiefers aufnimmt, und daher mehr ausgehöhlt ist, als die obere Fläche.

Figur 6. Die letzten fünf Rückenwirbel und vier Rippen mit Bändern, von der linken Seite.

Knochen:

1.1.1.1.1. die Dornfortsätze (processus spinosi),
2.2.2.2.2. die schiefen Fortsätze (processus obliqui),
3.3.3.3.3. die Körper der Wirbel (corpora vertebrarum),
4.4.4.4.4. die Querfortsätze (processus transversi),
5.5.5.5. die Zwischenwirbellöcher (foramina intervertebralia) zum Durchgang der Rückennerven und Rükkenmarksarterien,
6.6.6.6. die letzten vier falschen Rippen (costae spuriae).

Bänder:

a.a.a.a. die Zwischendornbänder (ligamenta interspinalia) verhindern eine zu starke Krümmung des Rückens,
b.b.b.b. die Kapselbänder der Rippenköpfchen (lig. capsularia capitulorum costarum) verbinden jede Rippe mit dem vorhergehenden und gleichzähligen Wirbelkörper,
c.c.c.c. die äußeren vorderen Bänder der Rippen (lig. colli costarum externa) entspringen am vorhergehenden Wirbelkörper und leisten, einer von der Seite auf die Rippen drückenden Last, Widerstand;
d.d.d.d. die Kapselbänder der Rippenhöcker (lig. capsularia tuberculorum costarum) verbinden den Höcker mit dem Querfortsatze des gleichzähligen Wirbels,
e.e.e.e. die äußeren hinteren Bänder der Rippen (lig. transversaria externa) entspringen ebenfalls an den Querfortsätzen und widerstehen der von oben drückenden Last.

Figur 7. Die letzten fünf Rückenwirbel und die letzten vier Rippenpaare mit Bändern, von unten gesehen.

1 — 1. Die untere Fläche der Wirbelkörper,
2 — 2. die innere Fläche der Rippen.

Bänder:

a. a. das **untere lange Band** (lig. longitudinale inferius s. anterius),
b — b. die Zwischenwirbelbänder,
c — c. die Kapselbänder der Rippenköpfchen,
d — d. die **inneren vorderen Bänder der Rippen** (ligamenta colli costarum interna) widerstreben der von unten wirkenden Gewalt,
e — e. die Kapselbänder der Rippenhöcker,
f. f. die **runden Bänder der Rippenköpfchen** (ligam. teretia capitulorum) werden erst nach Entfernung der Kapselbänder sichtbar.

Figur 8. Der fünfte und sechste Lendenwirbel und das Kreuzbein mit Bändern, von unten gesehen.

Knochen:

1. 1. die Querfortsätze und
2. der Körper des 5ten Lendenwirbels,
3. 3. die Querfortsätze und
4. der Körper des 6ten Lendenwirbels.
5. 5. die vorderen Winkel des Kreuzbeines,
6. 6. die fünf falschen Wirbel desselben;
7 — 7. die Zwischenwirbellöcher und
8 — 8. die untern Löcher des Kreuzbeines sind sämtlich zum Durchgange der untern Nervenäste bestimmt.

Bänder:

a. der **Zwischenwirbelknorpel** (cartilago intervertebralis),
b. das hintere Ende des unteren langen Bandes,
c — c. die Zwischenwirbelbänder,
d. d. die **Zwischenquerbänder** (ligamenta intertransversaria),
e. e. die **Kreuz = Lendenbänder** (lig. sacrolumbalia). Da bei dem Pferde die Querfortsätze der letzten Lendenwirbel unter sich und mit dem Kreuzbeine verbunden sind, so ist dadurch die Beweglichkeit in der Lendengegend vermindert, aber sie sind dafür auch zum Tragen größerer Lasten mehr geeignet.

Tabula 4.

Figur 1. Die Knochen und Bänder der linken vorderen Gliedmaaße, von der äußern Seite.

Knochen:

a. das Schulterblatt mit dem Knorpel,
b. das Armbein,
c. c. die Speiche,
d. d. das Ellenbogenbein,
e. das Hakenbein,
f. das Schienbein,
g. das äußere Griffelbein,
h. die Sesambeine,
i. das Fesselbein,
k. das Kronenbein,
l. das Hufbein,
m. der Hufbeinknorpel.

Bänder:

das Armgelenk hat nur

1. das Kapselband (ligamentum capsulare), und die Verbindung des Schulterblattes mit dem Armbeine wird durch die Grätenmuskeln, den langen Beuger und den dicken Strecker des Vorarmes, so wie durch den Unterschultermuskel unterstützt. Am Gelenke des Vorarmes kommen drei Bänder vor, nämlich
2. das Kapselband,
3. das äußere Seitenband (ligam. laterale externum) und das innere Seitenband (3. Fig. 2.), durch welche die Bewegung des Vorarmes nur nach vorn und hinten, aber nicht nach den Seiten gestattet ist; Speiche und Ellenbogen sind unten verwachsen, oben aber durch das innere und
4. das äußere Querband (ligam. transversum radii et ulnae externum) verbunden.

Am Gelenke der Vorder-Fußwurzel (des Vorderknie's) sind drei gemeinschaftliche Bänder (welche von der Speiche bis zu den Mittelfußknochen herabreichen) und ein besonderes sichtbar, nämlich:

5. das Kapselband, welches drei Kapseln zwischen den beiden Reihen und den über und unter ihnen liegenden Knochen bildet,
6. das äußere lange Seitenband (lig. carpi laterale externum longum),
7. das äußere kurze Seitenband (lig. carpi laterale externum breve);
8. das hintere grade Band des Hakenbeines (lig. volare rectum ossis hamati) ist ein besonderes Band.
9. Das Zwischenknochenband (lig. interosseum) ist bei dem Pferde nicht mehr vorhanden, wenn Griffel- und Schienbein im Alter verwachsen sind. Am Fesselgelenke verbinden die dort liegenden Bänder das Schienbein mit dem Fesselbeine und die Sesambeine mit demselben; zu den ersteren gehört
10. das Kapselband des Fesselbeines (ligam. capsulare phalangis primae) und
11. das äußere Seitenband desselben (lig. lateris ulnaris phalang. primae). Die Sesambeine sind mit dem Fesselbeine durch
12. das äußere Seitenband der Sesambeine (lig. lat. uln. ossium sesamoideorum superiorum) und durch
13. das hintere grade Band derselben (lig. volare rectum oss. sesamoid. superior.) vereinigt, daher müssen sie immer den Bewegungen des Fesselbeines folgen. Am Kronen- und Hufgelenk sind, an jedem, ein Kapselband und zwei Seitenbänder, und außer diesen sind die Bänder des Hufbeinknorpels und des Strahlbeines noch zu bemerken;
14. das Kapselband des Kronenbeines (lig. capsulare phalang. secundae),
15. das obere Band des Hufbeinknorpels (ligam. cartilaginis phalang. tertiae superius),
16. das äußere Seitenband des Kronenbeines (lig. lateris ulnaris phalang. secundae),
17. das äußere Seitenband des Strahlbeines (lig. later. ulnar. ossis sesamoid. inferioris),
18. das Kapselband des Hufbeines (lig. capsulare phalang. tertiae) und
19. das untere Band des Hufbeinknorpels (ligam. cartilaginis phalang. tertiae inferius).

Figur 2. Knochen und Bänder der rechten vorderen Gliedmaaße, von der innern Seite.

Knochen:

a — f. wie bei Fig. 1.,
g. das innere Griffelbein,
h — l. wie bei Fig. 1.,
m. das Strahlbein.

Bänder:

1. das Kapselband des Armes,
2. das Kapselband des Vorarmes,
3. das innere Seitenband desselben (ligam. laterale antibrachii internum),
4. das innere Querband des Ellenbogens und der Speiche (lig. transversarium radii et ulnae internum). Die an der innern Seite der Vorder-Fußwurzel liegenden gemeinschaftlichen Bänder sind:
5. das Kapselband,
6. das innere vordere Seitenband (lig. carpi lateris radialis anticum),
7. das innere mittlere Seitenband (lig. carpi later. radialis medium),
8. das innere hintere Seitenband (lig. carpi later. radial. posticum);
9. das hintere grade Band des Hakenbeines (8. Fig. 1.). Die übrigen an der Figur gezeichneten Bänder sind wie die an der äußern Seite, nur sind die Bänder des Hufbeinknorpels mit dem Knorpel zugleich entfernt, und die des Hufbeines sind deutlicher sichtbar.
10. Das Zwischenknochenband,
11. das Kapselband des Fesselbeines,
12. das innere Seitenband desselben (lig. lateris radialis phalangis primae),
13. das innere Seitenband der Sesambeine (lig. later. radialis ossium sesamoideorum superiorum),
14. das hintere grade Band derselben,
15. das innere Seitenband des Kronenbeines (lig. later. radial. phalang. secundae),
16. das innere Seitenband des Strahlbeines (lig. later. radial. ossis sesamoidei inferioris),
17. das Kapselband desselben,

18. das Kapselband des Hufbeines,
19. das **innere Seitenband des Hufbeines** (ligam. later. radial. phalangis tertiae).

Figur 3. Die Knochen und Bänder der linken hintern Gliedmaaße, von der äußern Seite.

Knochen:

a. a. das linke Beckenbein,
b. das Kreuz- oder Heiligbein,
c. der erste Schwanzwirbel,
d. das Backen- oder Oberschenkelbein,
e. e. die Kniescheibe,
f. f. das Schenkel- oder Schienbein,
g. das Wadenbein,
h. das Sprung- oder Fersenbein,
i. i. das Schienbein oder der mittlere Hinter-Mittelfußknochen,
k. das äußere Griffelbein oder der äußere Hinter-Mittelfußknochen,
l — p. wie h — m. bei Fig. 1.

Bänder:

1. das **vordere Kreuz-Darmbeinband** (ligamentum ilio-sacrum longum),
2. das **Kreuz-Sitzbeinband** (lig. spinoso- et tuberoso-sacrum) vereinigt beide Knochen und füllt den Raum zwischen dem Kreuz- und Beckenbeine aus, läßt aber vorn und hinten eine Spalte, zum Durchgange der Blutgefäße und Nerven;
3. das **Kapselband des Oberschenkels** (lig. capsulare femoris),
4. das **Kapselband der Kniescheibe** (lig. capsulare patellae),
5. das **äußere Querband derselben** (lig. transversum patellae externum), durch beide Bänder ist die Kniescheibe mit dem Backenbeine verbunden;
6. das **vordere grade Band der Kniescheibe** (ligam. patellae rectum anticum),
7. das **äußere grade Band derselben** (lig. patellae rectum externum), und das innere grade Band (10. Fig. 4.) verbinden sie mit dem Schenkelbeine.

8. Das Kapselband des Schenkelbeines (lig. capsulare tibiae),
9. das äußere Seitenband (lig. laterale tibiae externum) und das innere Seitenband (12. Fig. 4.) verbinden äußerlich das Backen- und Schenkelbein; die tieferen Bänder dieses Gelenkes s. Tab. 5. Fig. 5. 6.
10. Das untere Band des Wadenbeines (lig. fibulae inferius);
11. das Kapselband des Sprunggelenkes (lig. tarsi capsulare) bildet vier Kapseln, nämlich die obere zwischen dem Schenkel- und Rollbeine, die zweite zwischen dem Roll- und großen schiffförmigen Beine, die dritte zwischen diesem und dem kleinen schiffförmigen Beine, die untere zwischen dem kleinen schiffförmigen und dem Schienbeine;
12. das äußere lange Seitenband (lig. tarsi laterale externum),
13. das äußere kurze Seitenband (lig. fibulare calcanei et astragali),
14. das hintere Band des Sprunggelenkes (ligam. tarsi plantare); diese drei Bänder, so wie das Kapselband (11.) gehören zu den gemeinschaftlichen Bändern des Sprunggelenkes. Die Bänder am Hinterfuße haben dieselben Namen, wie die am Vorderfuße, daher ist
15—25. wie 9—19. bei Fig. 1.

Figur 4. Die Knochen und Bänder der rechten hintern Gliedmaaße, von der innern Seite.

Knochen:

a. a. das rechte Beckenbein, von der innern und untern Seite,
b. die untere Fläche des Kreuzbeines,
c—n. wie d—o. bei Fig. 3.
o. das Strahlbein.

Bänder:

1. das untere Kreuz-Darmbeinband (lig. ilio-sacrum inferius s. laterale anticum hominis) bedeckt den Faserknorpel, der das Kreuzbein mit dem Darmbeine verbindet;
2. das hintere Kreuz-Darmbeinband (lig. ilio-sacrum breve),
3. das Kreuz-Sitzbeinband (nur zum Theil sichtbar),

4. das Verstopfungsband (lig. obturatorium) verschließt das eirunde Loch und hat eine Spalte, durch welche die Blutgefäße und der Nerve gehen.

Das Backenbein wird bei dem Pferde, außer dem Kapselbande (3. Fig. 3.) durch ein doppeltes rundes Band mit dem Becken verbunden, nämlich durch

5. den kurzen Schenkel des runden Bandes (crus breve ligamenti teretis), welcher aus der Pfanne des Beckens an den Kopf des Backenbeines geht, und durch
6. den langen Schenkel desselben (crus longum ligamenti teretis), der unter dem Ergänzungsbande der Pfanne heraus an den vordern Rand des Schaambeines geht.
7. Das Kapselband der Kniescheibe,
8. das innere Querband derselben (lig. transversum patellae internum),
9. das vordere grade Band der Kniescheibe,
10. das innere grade Band derselben (lig. rectum patellae internum),
11. das Kapselband des Schenkelbeines,
12. das innere Seitenband desselben (lig. laterale tibiae internum),
13. das Kapselband des Sprunggelenkes,
14. das innere lange Seitenband desselben (lig. laterale tarsi internum),
15. das innere kurze Seitenband (lig. deltoideum),
17. das hintere Band des Sprunggelenkes, welches die gemeinschaftlichen Bänder an der innern Seite sind;
16. das innere Band des Roll- und großen schiffförmigen Beines (lig. dorsale talo-naviculare) ist ein besonderes.
18—27. wie 10—19. Figur 2.

Tabula 5.

Figur 1. Die Knochen und Bänder der rechten Vorder-Fußwurzel (Vorderknie), von vorn gesehen.

Knochen:

1. das untere Ende der Speiche,
2. das Hakenbein,

3. das unregelmäßige Bein,
4. das dreieckige Bein,
5. das halbmondförmige Bein,
6. das große keilförmige Bein,
7. das ungleich vierseitige Bein (das kleine keilförmige Bein ist von den Seitenbändern verdeckt),
8. das äußere Griffelbein,
9. das Schienbein (das innere Griffelbein ist auch verdeckt).

Bänder:

Das gemeinschaftliche Kapselband und die kleinen Kapselbänder der einzelnen Knochen sind entfernt worden, um die faserigen Bänder deutlicher darzustellen.

a. Das äußere kurze Seitenband (gemeinschaftliches Band),
b. b. das äußere lange Seitenband, ist oben und unten abgeschnitten,
c. das vordere Querband des unregelmäßigen und dreieckigen Beines (lig. carpi dorsale transversum ossis triquetri et semilunaris),
d. das vordere Querband des dreieckigen und halbmondförmigen Beines (lig. carpi dorsale transversum ossis semilunaris et navicularis),
e. das vordere Querband des großen keilförmigen und ungleich vierseitigen Beines (lig. carpi dorsale transversum ossis capitati et multanguli majoris),
f. das äußere und
g. das innere schiefe Band des ungleich vierseitigen und des Schienbeines (lig. carpi dorsale obliquum, ossis multanguli majoris et metacarpi medii, externum et internum),
h. h. das innere vordere Seitenband, oben und unten abgeschnitten,
i. i. das innere mittlere Seitenband (6 u. 7. Fig. 2. Tab. 4.).

Figur 2. Dieselben Theile von hinten.

Knochen:

1. das untere Ende der Speiche,
2. das halbmondförmige Bein,
3. das dreieckige Bein,
4. das unregelmäßige Bein,
5. das Hakenbein,

6. das kleine keilförmige Bein,
7. das ungleich vierseitige Bein,
8. das große keilförmige Bein,
9. das innere Griffelbein,
10. das Schienbein,
11. das äußere Griffelbein.

Bänder:

a. a. Das innere vordere Seitenband, oben und unten abgeschnitten,
b. das innere mittlere und
c. c. das innere hintere Seitenband (6. 7. 8. Fig. 2. Tab. 4.).
d. Das hintere schiefe Band der Speiche und des halbmondf. Beines (lig. carpi volare obliquum radii et ossis navicularis),
e. das hintere Querband des halbmondf. und dreieckigen Beines (lig. carpi volare transversum ossis navicularis et semilunaris),
f. das hintere schiefe Band des halbmondf., kleinen keilförm. und ungleich vierseitigen Beines (lig. carpi volare obliquum ossis navicularis, multanguli minoris et majoris), welches die obere Reihe mit der untern verbindet,
g. das hintere Querband des kleinen keilförm. und ungleich vierseitigen Beines (ligam. carpi volare transvers. ossis multanguli minoris et majoris),
h. das hintere schiefe Band des kleinen keilförm. und des Schienbeines (lig. carpi volare obliquum ossis multang. minor. et metacarpi medii),
i. das hintere Querband des ungleich vierseitigen und großen keilförm. Beines (lig. carpi volare transvers. ossis multang. majoris et capitati),
k. das hintere Querband des dreieckigen und unregelmäßigen Beines (lig. carpi vol. transvers. ossis semilunaris et triquetri),
l. das hintere grade Band der Speiche und des Hakenbeines (lig. carpi volare rectum radii et ossis hamati),
m. das hintere Querband des unregelmäßigen und Hakenbeines (lig. carpi volare transvers. oss. triquetri et hamati),
n. das hintere grade Band des Haken- und großen keilförm. Beines (lig. carpi vol. rectum ossis hamati et capitati),

o. das hintere grade Band des unregelm. und großen keilförm. Beines (lig. carpi vol. rectum ossis triquetri et capitati),
p. das äußere lange Seitenband (abgeschnitten),
q. das hintere grade Band des Hakenbeines ist auch abgeschnitten (6. und 8. Tab. 4. Fig. 1.),
r.} das innere und äußere Zwischenknochenband
s.} (lig. interosseum internum et externum).

Figur 3. Knochen und Bänder der rechten Hinter-Fußwurzel (Sprunggelenk), von vorn gesehen.

Knochen:

1. das untere Ende des Schenkelbeines,
2. das Rollbein,
3. ein Theil des Sprungbeines,
4. das Würfelbein,
5. das große und
6. das kleine schiffförmige Bein,
7. das äußere Griffelbein,
8. das Schienbein,
9. das innere Griffelbein.

Bänder:

a. das äußere kurze Seitenband,
b. das innere kurze Seitenband (Tab. 4. Fig. 3. 4.),
c. das äußere Seitenband des Sprung- und Würfelbeines (lig. tarsi laterale ossis calcanei et cuboidei),
d. das vordere schiefe Band des Sprung- und großen schiffförm. Beines (lig. dorsale obliquum ossis calcanei et navicularis),
e. das vordere Querband des Würfel- und großen schiffförm. Beines (lig. dorsale transversum ossis cuboidei et navicularis),
f. das vordere schiefe Band des Würfel- und Schienbeines (lig. dorsale obliquum ossis cuboidei et metatarsi medii),
g. das vordere Querband des Würfel- und kleinen schiffförm. Beines (lig. dorsale transvers. ossis cuboidei et cuneiformis tertii),

h. das vordere schiefe Band des kleinen schifförm. und Schienbeines (lig. dors. obliq. ossis cuneiformis tertii et metatarsi medii),
i. das vordere schiefe Band des großen und kleinen schifförm. Beines (lig. dors. obliq. ossis navicularis et cuneiformis tertii),
k.k. das innere schiefe Band des Rollbeines, des großen und kleinen schiffförmigen und des Schienbeines (lig. dors. obliq. astragali, ossis navicularis, cuneiformis tertii et metatarsi medii); die von c—k. sind besondere faserige Bänder, indem die Kapselbänder entfernt sind.

Figur 4. Dieselben Theile, von hinten gesehen.

Knochen:

1. das untere Ende des Schenkelbeines,
2. das Rollbein,
3. das Sprungbein,
4. das Würfelbein,
5. das Pyramiden= oder erste keilförmige Bein,
6. das große schiffförmige Bein,
7. das innere Griffelbein,
8. das Schienbein,
9. das äußere Griffelbein.

Bänder:

a. das innere kurze Seitenband (gemeinschaftliches),
b. das hintere grade Band des Sprung= und Pyramiden Beines (lig. plantare rectum ossis calcanei et cuneiformis primi),
c. das hintere grade Band des Roll= und großen schifförm. Beines (lig. plantare rectum ossis astragali et navicularis),
d. das hintere grade Band des Pyramiden= und innern Griffelbeines (lig. plant. rect. ossis cuneiformis primi et metatarsi interni),
e. das hintere grade Band des Pyramiden= und Schienbeines (lig. plant. rect. ossis cuneiformis primi et metatarsi medii),
f. das hintere grade Band des Würfel= und Schienbeines (ligam. plant. rect. ossis cuboidei et metatarsi medii),

g. das hintere Band des Sprunggelenkes, oben und unten abgeschnitten,
h. das hintere grade Band des Sprung- und äußern Griffelbeines (lig. plant. rect. ossis calcanei et cuboidei),
k. l. das innere und äußere Zwischenknochenband.

Figur 5. Knochen und Bänder des rechten Kniegelenkes (ohne Kniescheibe), von vorn gesehen.

Knochen:

1. Aeußere Gelenkerhabenheit des Backenbeines,
2. Gelenkgrube für die Kniescheibe,
3. innere Gelenkerhabenheit,
4. der äußere Gelenkknopf,
5. der innere Gelenkknopf des Backenbeines,
6. der äußere Gelenkknorren des Schenkelbeines,
7. der vordere Höcker desselben,
8. der innere Gelenkknorren,
9. der Körper des Schenkelbeines,
10. das Wadenbein.

Bänder:

a. das äußere Seitenband des Schenkelbeines (Tab. 4. Fig. 3.),
b. das hintere gekreuzte Band (ligam. cruciatum posticum),
c. das vordere gekreuzte Band (lig. cruciatum anticum), beide werden von dem Kapselbande des Schenkelbeines bedeckt;
d. das innere Seitenband des Schenkelbeines (Tab. 4. Fig. 4.),
e. der äußere halbmondförmige Zwischenknorpel (cartilago semilunaris externa),
f. das vordere Band desselben (lig. cartilaginis semilunaris externae anticum),
g. das vordere Band des innern halbmondförm. Zwischenknorpels (ligam. cartilag. semilunaris internae anticum),
h. der innere halbmondförm. Zwischenknorpel (cartilago semilunaris interna),
i. das Zwischenknochenband des Wadenbeines und Schenkelbeines (lig. interosseum fibulae et tibiae).

Figur 6. Dieselben Theile, von hinten gesehen.

Knochen:

1. der Körper und
2.2. die Gelenkknöpfe des Backenbeines,
3. der Körper des Schenkelbeines.

Bänder:

a. das innere und
b. das äußere Seitenband des Schenkelbeines,
c. der innere und
d. der äußere haldmondförmige Zwischenknorpel,
e. das hintere Band des innern halbmondförm. Zwischenkn. (lig. cartilaginis semilunaris internae posticum),
f. das hintere untere Band des äußern halbmondförm. Zwischenkn. (lig. cartilag. semilun. externae posticum inferius),
g. das hintere obere Band des äußern halbmondf. Zwischenknorpels (ligam. cartilag. semilun. extern. posticum superius),
h. das hintere gekreuzte Band,
i. das Zwischenknochenband des Waden= und Schenkelbeines.

Figur 7. Die beiden halbmondförmigen Zwischenknorpel des Kniegelenkes mit den Bändern, von oben gesehen.

1.1.1. Das obere Ende des Schenkelbeines, auf welchem
2. der innere und
3. der äußere halbmondförmige Zwischenknorpel liegen, und mit welchem sie so verbunden sind, daß sie bei der Beugung und Streckung des Gelenkes nach innen und außen geschoben werden können. Durch diese Zwischenknorpel, die am äußern Rande höher sind, als am innern, werden für die Gelenkknöpfe des Backenbeines seichte Gruben gebildet. Die Verbindung mit dem Schenkelbeine geschieht durch
4. das vordere und
5. das hintere Band des innern halbmondförmigen Zwischenknorpels (Fig. 5 und 6.), durch
6. das hintere untere und durch

7. das vordere Band des äußern halbmondf. Zwischenknorpels; das hintere obere Band dieses Knorpels, welches hier nicht dargestellt ist, verbindet ihn mit dem Backenbeine.

Figur 8. Die Bänder der Sesambeine oder Gleichbeine, von unten gesehen.

a. Das Schienbein,
b. b. das Fesselbein,
c. das Kronenbein,
d. das Strahlbein,
e. das Hufbein.

1. 1. Die Seitenbänder der Gleichbeine (ligamenta lateralia ossium sesamoideorum superiorum),
2. das Querband derselben (ligamentum eorum transversum) besteht aus Faserknorpel und füllt den Raum zwischen beiden Gleichbeinen aus, dient auch der Beugesehne des Hufbeines zum Ruhepunkte;
3. 3. 3. das untere grade Band der Gleichbeine (lig. volare rectum ossium sesamoid. superiorum), welches aus drei Schenkeln besteht, von welchen der mittlere an das Kronenbein geht,
4. Kapselbänder des Strahlbeines (ligamenta capsularia ossis sesamoidei inferioris),
5. 5. die Seitenbänder desselben (ligamenta lateralia ossis sesamoidei inferioris).

Figur 9. Das Zungenbein, der Kehlkopf und ein Theil der Luftröhre mit Bändern, von oben gesehen.

Knochen und Knorpel:

1. das Gabelheft oder der Handgriff (manubrium),
2. der Körper (basis) und
3. 3. die Gabeläste des Zungenbeines (cornua majora ossis hyoidei),
4. 4. die kleinen Zungenbeinäste (cornua lateralia inferiora s. minora hominis),
5. 5. die großen Zungenbeinäste (cornua lateralia superiora), durch welche das Zungenbein mit den Felsentheilen der Schläfenbeine verbunden wird;

6. der

6. der Kehldeckel (epiglottis) ist zur Verschließung der Stimmritze beim Schlucken bestimmt,
7.7. die Gießkannenknorpel (cartilagines arytaenoideae) bilden durch ihre Bänder die Stimmritze,
8. der Ringknorpel (cartilago cricoidea), dessen Platte hier nur sichtbar ist,
9.9. die Luftröhrenringe (annuli tracheae).

Bänder:

a. das mittlere Zungenbein = Schildband (ligam. hyo-thyreoideum medium) und
b.b. die seitlichen Zungenbein=Schildbänder (ligamenta hyo-thyreoidea lateralia), durch welche das Zungenbein mit dem Kehlkopfe, leicht beweglich, verbunden wird;
c.c. die Ring=Gießkannenbänder (ligamenta crico-arytaenoidea) und
d.d. die seitlichen Schild = Ringbänder (lig. crico-thyreoidea lateralia) sind Kapselbänder;
e.e. die Bänder der Luftröhrenringe (ligam. annulorum tracheae),
f.f. die Kapselbänder der großen Zungenbeinäste (lig. capsularia cornuum lateralium superiorum),
g.g. die Kapselbänder der kleinen Zungenbeinäste (lig. caps. cornuum lateralium inferiorum).

Figur 10. Dieselben Theile, von der linken Seite gesehen.

Knochen und Knorpel:

1. das Gabelheft,
2. der linke Gabelast,
3. der linke kleine, und
4. der linke große Zungenbeinast,
5. der Kehldeckel,
6. der linke Gießkannenknorpel,
7. die linke äußere Fläche des Schildknorpels,
8. die linke äußere Fläche vom Reif des Ringknorpels,
9.9. die Luftröhrenringe.

Bänder:

a. Kapselband des großen,
b. Kapselband des kleinen Zungenbeinastes,
c. das mittlere Zungenbein-Schildband,
d. das linke seitliche Zungenbein-Schildband,
e. das linke seitliche Ring-Gießkannenband,
f. das linke seitliche Schild-Ringband,
g. das mittlere Schild-Ringband,
h. das Ring-Luftröhrenband (lig. crico-tracheale),
i. i. die Bänder der Luftröhrenringe.

Tabula 6.

Die Hautmuskeln, von der linken Seite gesehen.

Unmittelbar unter der Haut liegen die Hautmuskeln, und sind auf der ganzen Fläche mit ihr verbunden, um sie zu erschüttern und von Staub, Feuchtigkeit und Insecten zu befreien. Sie heißen nach den Gegenden des Körpers, wo sie liegen:

1. der Angesichts-Hautmuskel (musculus subcutaneus faciei), welcher oben am Halse und im Kehlgange entspringt, über den Unterkiefer an das Angesicht geht, und theils mit schwachen Fasern in der Haut endigt, theils als
2. Auswärtszieher der Unterlippe (m. risorius Santorini) mit stärkeren Muskelfasern an den Maulwinkel tritt, um ihn nach hinten und oben zu ziehen;
3. der Hals-Hautmuskel (m. subcutaneus colli) entspringt am Schnabelknorpel des Brustbeines (was aber an der Figur nicht zu sehen ist), geht am Halse vorwärts und zum Nacken aufwärts, endigt in einer dünnen Sehnenhaut an der Seite des Halses, und spannt die Haut an diesem Theile. Stärker als diese Muskeln ist

4. 4. der Schulter-Hautmuskel (m. subcutaneus humeri), der am Widerrüst entspringt, über die Schulter und den Arm herabgeht, am Vorarme mit einer Sehnenausbreitung endigt, und die Haut von unten nach oben, auch umgekehrt, bewegt und sie in Längenfalten legt. Hinter diesem liegt

5.5. der große oder Bauch=Hautmuskel (m. subcutaneus maximus s. abdominis); er befestigt sich am Rücken, an der Schulter, der Brust, am Bauche und mit einer Falte am Knie, ist auf der ganzen Oberfläche mit der Haut innig verbunden, und bewegt sie so stark, daß der Reuter und andere Lasten hin und her geschoben werden.

Tabula 7.

Figur 1. Muskeln am Kopfe, von der linken Seite gesehen.

Der Angesichts=Hautmuskel und das Zellgewebe, welche die hier liegenden Muskeln mehr oder weniger bedecken, sind entfernt worden.

1. Der Pyramidenmuskel der Nase (m. pyramidalis nasi) entspringt mit einer Sehne an der äußern Fläche des Oberkieferbeines, geht zwischen den Schenkeln von 3. nach vorn, und endigt am äußern Rande des Nasenloches, welches er bei starkem Athmen erweitert;

2.2. der Kreismuskel des Maules (m. orbicularis oris) liegt um die Maulöffnung, zwischen der äußern Haut und der Schleimhaut, bildet die Grundlage der Ober= und Unterlippe, und dient zur Verschließung des Maules.

3.3. Der Auswärtszieher der Oberlippe (m. levator labii superioris alaeque nasi) entspringt am Nasen=, Thränen= und Oberkieferbeine, spaltet sich nach unten in zwei Schenkel, zwischen welchen der Pyramidenmuskel der Nase liegt, und endigt mit dem obern Schenkel am Nasenlochrande, mit dem untern in der Oberlippe, er hebt beide; von diesem Muskel zum Theil bedeckt, entspringt

4.4. der Aufheber der Oberlippe (m. levat. labii superioris proprius) am Thränenbeine, geht in eine runde Sehne über, die sich mit der des gleichnamigen Muskels der andern Seite verbindet (1. Fig. 3.) und in der Mitte der Oberlippe endigt; diese wird bei Aufnahme der Nahrungsmittel gehoben.

5. Der Backenmuskel (s. 3. Fig. 2.),
6. 6. der Jochmuskel (m. zygomaticus major) ist lang und dünn, entspringt an der Jochleiste, endigt in dem Backenmuskel, und zieht die Backe oder Wange nach oben;
7. der Auswärtszieher der Unterlippe (s. 2. Tab. 6.).
8. Der äußere Kaumuskel (m. masseter) entspringt an der ganzen Jochleiste, bedeckt die äußere Fläche des Unterkiefers zum Theil, und endigt am hintern und untern Rande desselben, er bewegt den Unterkiefer beim Kauen zur Seite und nach oben, mit großer Kraft; über diesem entspringt an der Jochleiste
9. der Niederzieher des untern Augenliedes (m. depressor palpebrae inferioris), geht schief aufwärts an das untere Augenlied, und zieht es herab;
10. der Kreismuskel der Augenlieder (m. orbicularis palpebrarum) liegt zwischen der äußern Haut und der Bindehaut der Augenlieder, ist durch eine Sehne an das Thränenbein befestigt, und nähert die Augenlieder einander, bei Annäherung fremder Körper oder beim Schlafen. Das obere Augenlied wird durch
11. den äußern Aufheber des obern Augenliedes (m. corrugator superciliorum) gehoben, dieser entspringt am Stirnbeine, und endigt im Kreismuskel. — Zur Bewegung des äußern Ohres dienen folgende Muskeln:
12. 12. der gemeinschaftliche Ohrmuskel (4. Fig. 6.),
13. der untere Einwärtszieher des Ohres (m. adductor auriculae inferior), welcher am Jochbogen entspringt, am Grunde der Ohrmuschel endigt und deren Höhlung nach vorn dreht;
14. der Niederzieher des Ohres (m. depressor auriculae) entspringt auf der äußern Fläche der Ohrspeicheldrüse, die er bedeckt, endigt am Grunde der Ohrmuschel und zieht sie herab, als ein Zeichen der Bosheit des Pferdes;
15. der kurze und
16. der lange Auswärtszieher (2.3. Fig. 7.).

Figur 2. Die tiefer liegenden Muskeln am Kopfe, von der linken Seite gesehen.

Die Muskeln: 1. 3. 6 — 9., 11 — 16. von Fig. 1. sind hier entfernt worden.

1. 1. Der kurze erweiternde Muskel der Nase (m. dilatator nasi brevis) entspringt am Nasenbeine und Nasenfortsatze des Zwischenkieferbeines, endigt unter der Nasentrompete in dem S förmigen Knorpel, und hebt ihn;
2. 2. der Aufheber der Oberlippe (4. Fig. 1.);
3. der Backenmuskel (m. buccinator) entspringt an den Zwischen-Zahnrändern beider Kiefer, grenzt nach vorn an den Kreismuskel des Maules, nach hinten an
4. den Backenzahnmuskel (m. molaris), welcher an den Zahnrändern beider Kiefer entspringt; beide Muskeln bewirken die Verengerung des Raumes zwischen den Bakken und Backenzähnen, und drücken beim Kauen das hervorgetretene Futter unter die Zähne. Am untern Rande derselben liegt
5. 5. der Niederzieher der Unterlippe (m. depressor labii inferioris), dessen Ursprung am Kronenfortsatze des Unterkiefers ist, er endigt in der Unterlippe, und zieht sie herab. In der von oben und außen geöffneten Augenhöhle sieht man
6. den innern Aufheber des obern Augenliedes (m. levator palpebrae superioris), der am Grunde der Augenhöhle entspringt, den obern graden Muskel (8.) zum Theil bedeckt, und im obern Augenliede endigt; er hebt es, wenn es durch den Kreismuskel herabgezogen ist;
7. der große oder obere schiefe Augenmuskel (m. obliquus superior) ist nur zum Theil sichtbar, er entspr. auch am Grunde der Augenhöhle, geht über den Rollknorpel an die stärkste Wölbung des Augapfels, und dreht ihn nach oben und innen.
8. Der obere grade (m. rectus superior),
9. der äußere grade Augenmuskel (m. rectus externus) entspringen mit jenem, und endigen oben und außen am Augapfel, den sie aufwärts oder auswärts ziehen;
10. der kleine oder untere schiefe Augenmuskel (m. obliquus inferior) entspringt in der Grube des Thränenbeines, endigt unten am Augapfel, und dreht ihn nach unten und außen.
11. 11. Der Schläfenmuskel (m. temporalis) entspringt am Scheitel- und Schläfenbeine, endigt am Kronenfortsatze des Unterkiefers, und zieht ihn grade (nicht schief) an den obern, beim Kauen. Diesem Muskel entgegen wirkt
12. der Griffel-Kinnbackenmuskel (m. stylo-maxillaris), welcher am Griffelfortsatze des Hinterhauptsbeines

entspringt, am hintern Rande des Unterkiefers endigt, und diesen vom Oberkiefer abzieht; dieselbe Wirkung hat auch

13. der Brust-Kinnbackenmuskel (9. Fig. 5. Tab. 8.);
14. der Muskel der Ecke (m. tragicus) entspringt am äußern Gehörgange, und endigt am Grunde der Ohrmuschel, die er wenig herabzieht.

Figur 3. Nasen- und Lippenmuskeln von vorn gesehen.

1. Die vereinigte (platte) Sehne der beiden Aufheber der Oberlippe (4. Fig. 1. Tab. 7.), sie liegt über

2.2. dem Quermuskel der Nase (m. transversus nasi), der sich an die Flügel der beiden x förmigen Knorpel befestigt und sie hebt, um die Nasenlöcher zu erweitern.

Figur 4. Muskeln der Zunge, des Gaumensegels, Kehl- und Schlundkopfes, von der linken Seite gesehen.

Der linke Ast des Unterkiefers und alle Muskeln am Antlitz sind hinweggenommen worden.

1.1. Der Kinn-Zungenbeinmuskel (m. genio-hyoideus) ist rund, entspringt mit

2.2. dem Kinn-Zungenmuskel (m. genio-glossus), welcher halb gefiedert ist, in dem Winkel der Unterkieferäste; der erstere endigt am Gabelhefte des Zungenbeines, der andere im Fleisch der Zunge, beide bringen die Zunge aus dem Maule heraus.

3.3. Der Zungenbein-Zungenmuskel (m. stylo-glossus) entspringt fast am untern Ende des großen Zungenbeinastes, liegt zunächst am Rande der Zunge, und endigt in der Zungenspitze; er zieht die Zunge ins Maul und die Spitze zur Seite; er begrenzt nach innen

4.4. den Grund-Zungenmuskel (m. baseo-glossus), der seinen Ursprung am Gabelaste des Zungenbeines hat, dann in die Substanz der Zunge tritt und am vordern Theile derselben endigt, er zieht die Zunge ins Maul und vom Gaumen ab. Zu dem Zungenbeine gehören noch folgende Muskeln:

5. 5. der lange Zungenbeinmuskel (m. stylo-hyoideus), der am hintern untern Winkel des großen Zungenbeinastes entspringt, am Gabelaste mit einer gespaltenen Sehne endigt, durch welche die Sehne
6. 6. des zweibäuchigen Muskels (m. digastricus s. biventer maxillae inferioris) hindurch tritt; der obere Muskelbauch entspringt am Griffelfortsatze des Hinterhauptsbeines, der untere am untern Rande des Unterkiefers, wenn beide Bäuche und 5. zusammenwirken, so ziehen sie den Grund der Zunge nach hinten und außen, wirkt der obere Bauch allein, so wird der Unterkiefer herabgezogen.
7. Der Griffel-Zungenbeinmuskel (m. stylo-ceratoideus) ist klein, entspringt am Griffelfortsatze des Hinterhauptsbeines, und endigt am großen Zungenbeinaste, den er feststellt;
8. den Schulter-Zungenbeinmuskel (s. 7. Fig. 5. Tab. 8);
9. der Schild-Zungenbeinmuskel (m. thyreo-hyoideus) entspringt an der äußern Fläche des Schildknorpels, und endigt am Gabelaste des Zungenbeines, er nähert beide einander, was beim Schlingen geschieht. Zur Bewegung des Gaumensegels (2. Fig. 5.) dienen
10. der Griffel-Gaumensegelmuskel (m. tensor veli palatini) und
11. der Aufheber desselben (m. levator veli palatini), welche zusammen am Griffelfortsatze des Felsenbeines entspringen, 10. geht um das Häkchen des Flügelbeines an die Sehne, 11. an den fleischigen Theil des Gaumensegelmuskels und beide spannen und heben denselben beim Schlingen. Vom Schlund- und Kehlkopfe sind sichtbar:
12. der Flügel-Schlundkopfmuskel (4. Fig. 5.),
13. der Gaumen- — (3. das.),
14. der untere Zungenbein-Schlundkopfmuskel (7. das.),
15. der Schild-Schlundkopfmuskel (8. das.),
16. der Ring- — (9. das.).
17. Der Schlund (oesophagus) liegt über der Luftröhre und führt zum Magen;
18. der Ring-Schildmuskel (m. crico-thyreoideus) entspringt am Reife des Ringknorpels, endigt am hintern Rande des Schildknorpels, und nähert beide einander.

Figur 5. Die Gaumen= und Schlundkopf=Muskeln, von der linken Seite und von unten gesehen.

Der Kopf liegt auf der rechten Seite, übrigens ist er wie Fig. 4. vorbereitet.

1.1. Der harte Gaumen (palatum durum) besteht aus 18—19 bogenförmigen Erhöhungen, die durch Vertiefungen unterbrochen sind, und durch eine Längenfurche getheilt werden, sie unterstützen das Hinaufsteigen des Futterbissens beim Schlingen.

2. Der Gaumensegelmuskel (m. veli palatini) liegt zwischen zwei Platten der Schleimhaut, entspringt mit einer Sehnenausbreitung an den Gaumenbeinen, reicht bis an den Kehlkopf und verbindet sich an jeder Seite mit dem Schlundkopfe, in der Mitte ist er frei; er deckt beim Schlingen die hintern Nasenöffnungen und leitet den Bissen in den Schlundkopf.

3. Der Gaumen=Schlundkopfmuskel (m. palato-pharyngeus) entspringt an der Sehne des vorigen M., bildet die Seitenwand des Schlundkopfes, und hebt ihn, wenn der Bissen eintreten soll; mehr nach außen liegt

4. der Flügel=Schlundkopfmuskel (m. pterygo-pharyngeus), der am Flügelbeine entspringt, und in der hintern Wand des Schlundk. endigt, den er zuschnürt, wenn der Bissen eingetreten ist;

5. der obere Zungenbein=Schlundkopfmuskel (m. stylo-pharyngeus) entspringt an der innern Fläche des großen Zungenbeinastes, und endigt in der Seitenwand des Schlundkopfes, den er erweitert, er wirkt also beim Eintreten des Bissens, eben so

6. der seitliche Zungenbein=Schlundkopfmuskel (m. cerato-pharyngeus), der seinen Ursprung an der innern Fläche des großen Zungenbeinastes, nahe am untern Ende hat, und in der Seitenwand des Schlundk. endigt. Zur Verengerung des Schlundkopfes, also zum Forttreiben des Bissens dienen:

7. der untere Zungenbein=Schlundkopfmuskel (m. chondro-pharyngeus), am Gabelaste des Zungenbeines entspringend, in der hintern Wand des Schlundkopfes endigend,

8. der Schild=Schlundkopfmuskel (m. thyreo-pharyngeus) der an der äußern Fläche des Schildknorpels

anfängt, und ebenfalls in der hintern Wand des Schlundkopfes aufhört; endlich

9. der Ring-Schlundkopfmuskel (m. crico-pharyngeus), dessen Ursprung an der äußern Fläche vom Reife des Ringknorpels ist, und der mit 7. und 8. endigt.
10. Der Griffel-Gaumensegelmuskel,
11. der Aufheber des Gaumensegels (10. 11. Fig. 4.);
12. der innere Kaumuskel oder Flügelmuskel (m. pterygoideus) entspringt am Oberkieferbeine und an den Flügelfortsätzen des Keilbeines, endigt an der innern Fläche des Unterkiefers, und zieht ihn nach oben und zur Seite, beim Kauen;
13. die Zunge, zurückgeschlagen.

Figur 6. Muskeln der Ohren, von oben und vorn gesehen.

1.1. Die langen Aufheber der Ohren (1. Fig. 7.),
2. der mittlere Aufheber (m. levator medius s. attollens auriculae) wird von 4. bedeckt, entspringt an dem Kamme der Scheitelbeine, und endigt an der gewölbten Fläche der Ohrmuschel, die er hebt, daher das Ohr spitzt; eben so wirkt
3. der kurze Aufheber (m. levator brevis), welcher an der obern Fläche des Schildknorpels entspringt, und mit jenen beiden M. endigt.
4—4. Der gemeinschaftliche Ohrmuskel (m. auricularum communis s. frontalis hominis) ist an der linken Seite sichtbar, befestigt sich an dem Augenbogen, an der Stirn und am Scheitel, und endigt am Schildknorpel, den er feststellt; eine Fortsetzung von ihm ist
5. der obere Einwärtszieher (m. adductor auriculae superior), der aber noch an der obern Fläche des Schildknorpels befestigt ist, und in der Nähe des vorderen Randes der Ohrmuschel endigt, er dreht die Höhlung nach vorn; wobei ihn
6. der mittlere und
7. der untere Einwärtszeher (m. adductor medius et inferior) unterstützen; beide entspringen am Schildknorpel, und endigen am vordern Rande der Ohrmuschel.

Figur 7. Einige Ohrmuskeln, von hinten gesehen.

1. Der lange Aufheber (m. levator auriculae longus) ist der oberflächlichste, entspringt am Nackenbande und endigt an der gewölbten Fläche der Ohrmuschel, die er hebt; unter ihm entspringt
2.2. der lange Auswärtszieher (m. abductor auric. longus s. retrahens), der an beiden Ohren sichtbar ist, er endigt an der äußern Fläche der Ohrmuschel, und dreht ihre Höhle nach außen, eben so wirkt
3. der kurze Auswärtszieher (m. abductor auric. brevis s. retrahens), welcher an den Nackenmuskeln anfängt, und unter jenem endigt.

Figur 8. Einige Muskeln am linken Ohre, von vorn gesehen.

1. Der große Leistenmuskel (m. helicis major),
2. der kleine Leistenmuskel (m. helicis minor), beide sind an kleinen Fortsätzen am vordern Rande der Ohrmuschel befestigt, und nähern diese einander;
3. der Muskel der Gegenecke (m. antitragicus) liegt an der äußern Seite nahe am hintern Rande der Ohrmuschel, und hat keine merkliche Wirkung.

Figur 9. Einige tief liegende Ohrmuskeln, von hinten gesehen.

1. Der kurze Dreher (m. rotator auriculae brevis),
2. der lange Dreher (m. rotator auric. longus); beide entspringen an der untern Fläche des Schildknorpels, und endigen am Grunde der Ohrmuschel, die sie vorwärts und rückwärts drehen.
3. Der kurze Auswärtszieher (3. Fig. 7.),
4. der Quermuskel des Ohres (m. auriculae transversus) besteht nur aus wenigen Fasern, die an der gewölbten Fläche der Ohrmuschel liegen, und ohne merkliche Wirkung sind.

Tabula 8.

Figur 1. Muskeln am Schlund- und Kehlkopfe, von hinten und oben gesehen.

1. Der zurückgeschlagene Schlund, welcher die andern Muskeln bedeckt, namentlich
2.2. die Gießkannen-Schlundkopfmuskeln (m. m. arytaeno-pharyngei), die sehr klein sind, am hintern Rande der Gießkannenknorpel entspringen, und in der untern Wand des Schlundkopfes endigen, um ihn etwas zu erweitern;
3, 3. die Gießkannenmuskeln (m. m. arytaenoidei transversi) bedecken die obere Fläche der Gießkannenknorpel, an der sie befestigt sind, verbinden sich in der Mittellinie gegenseitig, und heben diese Knorpel, wodurch die Stimmritze erweitert wird;
4.4. die hintern Ring-Gießkannenmuskeln (m. m. crico-arytaenoidei postici) entspringen auf der Platte des Ringknorpels, die sie bedecken, und endigen an den äußern Winkeln der Gießkannenknorpel, ziehen sie nach außen und erweitern die Stimmritze.

Figur 2. Einige Kehlkopf- und Zungenbeinmuskeln, von oben gesehen.

1. Der Quermuskel des Zungenbeines (m. hyoideus transversus) ist unpaarig, befestigt sich an den kleinen Zungenbeinästen, und nähert sie einander, wobei der Grund der Zunge gehoben wird;
2. der Zungenbein-Kehldeckelmuskel (m. hyo-epiglotticus) ist auch unpaarig, entspringt am Körper des Zungenbeines, endigt an der vordern Fläche des Kehldeckels, und hebt ihn, wenn er durch den Bissen niedergedrückt wird; beide Muskeln wirken daher beim Schlingen.

Figur 3. Zungenbein- und Kehlkopfmuskeln, von der linken Seite gesehen.

1. Der kurze Zungenbeinmuskel (m. cerato-hyoideus) befestigt sich an die beiden Zungenbeinäste und an den Gabelast, nähert diese einander, und stellt sie fest;

2. der obere und
3. der untere Schild=Gießkannenmuskel (m. thyreo-arytaenoideus superior et inferior), beide entspringen innerhalb des Kehlkopfes am Schildknorpel, und endigen an dem Gießkannenknorpel, den sie herabziehen und dadurch die Stimmritze verengern; diesen entgegen wirkt
4. der seitliche Ring=Gießkannenmuskel (m. crico-arytaenoideus lateralis), welcher am Reife des Ringknorpels entspringt und mit
5. dem hintern Ring=Gießkannenmuskel (4. Fig. 1.) am Gießkannenknorpel endigt, beide erweitern die Stimmritze.

Figur 4. Der Brustbeinmuskel von oben gesehen.

Der Brustbeinmuskel (m. triangularis sterni s. sternalis brutorum) ist paarig, entspringt am obern Rande des Brustbeines, und endigt an dem 2ten bis 8ten Rippenknorpel, die er nur wenig heben kann.

Figur 5. Muskeln an der untern Seite des Kopfes, Halses und der Brust, von unten gesehen.

1. Der Kinnmuskel (m. quadratus menti) liegt am Körper des Unterkiefers und ist mit der Haut am Kinn verbunden, er spannt diese;
2. der Kiefer=Zungenmuskel (m. mylo-glossus) ist sehr dünn, entspringt an beiden Kieferästen und verbindet sich mit den Sehnen der Kinn=Zungenbeinmuskeln, die er hebt; dieselbe Wirkung, aber stärker, haben
3.3. die breiten Zungenbeinmuskeln (m. m. mylo-hyoidei), welche an den innern Zahnrändern des Unterkiefers entspringen, unten in der Mittellinie zusammenstoßen, und dort mit den Sehnen der Kinn=Zungenbeinmuskeln, so wie mit dem Gabelhefte des Zungenbeines verbunden sind; sie drücken die Zunge beim Schlingen an den Gaumen.
4. Der zweibäuchige Muskel, an der linken Seite (6. Fig. 4. Tab. 7.),
5. der Schild=Zungenbeinmuskel, an der rechten Seite (9. das.),
6.6. die Brust=Zungenbeinmuskeln (m. m. sterno-hyoidei) entspringen am Schnabelknorpel des Brustbeines

(von 9. bedeckt), haben in der Mitte des Halses eine Sehne, und endigen am Gabelhefte des Zungenbeines, sie ziehen den Grund der Zunge, beim Schlingen, vom Gaumen ab; eben so wirkt

7.7. der Schulter-Zungenbeinmuskel (m. omohyoideus), der nur an der linken Seite sichtbar ist, an den ersten Rippen entspringt, und neben jenen, nach außen, endigt;

8.8. die Brust-Schildmuskeln (m. m. sterno-thyreoidei) entspringen mit den Brust-Zungenbeinmuskeln, vereinigen sich mit ihrer Sehne, und endigen am Schildknorpel; sie ziehen den Kehlkopf beim Schlingen herab.

9. Der (rechte) Brust-Kinnbackenmuskel (m. sternomaxillaris) entspringt am Schnabelknorpel des Brustbeines, endigt mit einer Sehne am Winkel des Unterkiefers, und zieht ihn vom Oberkiefer ab, oder bei geschlossenem Maule beugt (nickt) er den Kopf.

10. Der gemeinschaftliche Kopf-, Hals- und Armmuskel (4. Fig. 1. Tab. 9.),

11. der breite Brustmuskel (m. latissimus pectoris) wird unmittelbar von der Haut bedeckt, entspringt am untern Rande des Brustbeines, und endigt an der Gliedmaaße, in der Gegend des Vorarmes, die er nach innen bewegt, und beim Stillstehen verhindert er das Abweichen derselben vom Rumpfe;

12. der kleine Brustmuskel (m. pectoralis minor) wird vom vorigen Muskel bedeckt (daher er hier entfernt ist), entspringt an den vordern Rippenknorpeln und am Brustbeine, und endigt am vordern Rande des Schulterblattes, das er beim Niedersetzen der Gliedmaaße herabzieht;

13. der große Brustmuskel (m. pectoralis major) entspringt hinter jenem an den Rippenknorpeln, am Brustbeine, Schaufelknorpel und am äußern schiefen Bauchmuskel, endigt am obern Ende des Armbeines und am untern Ende des Schulterblattes, und wirkt wie der kleine, auch mit ihm gleichzeitig.

Figur 6. Die Beuger des Kopfes und Halses, von unten gesehen.

1.1. Die innern Beuger des Halses (partes posteriores musculi longi colli) entspringen an den Körper

der vordern Rückenwirbel, und endigen an den Querfortsätzen der hintern Halswirbel, sie beugen den Hals, so wie
2.2. der lange Beuger des Halses (pars anterior m. longi colli), dieser entspringt an den Querfortsätzen, und endigt an den Körpern, bis zum Atlas;
3. der ungleich dreiseitige Muskel (5. Fig. 1. Tab. 10.),
4.4. der lange Beuger des Kopfes (m. rectus capitis anticus major) entspringt am 4ten Halswirbel, endigt am Grundstück des Hinterhauptsbeines, und beugt den Kopf, wie die beiden folgenden Muskeln, nämlich
5. der kurze Beuger des Kopfes (m. rectus capitis anticus minor), der am Körper des ersten Halswirbels entspringt, und unter jenem endigt, dann
6. der schiefe Beuger des Kopfes (m. rectus lateralis), welcher in der Flügelgrube des Atlas anfängt, und am Griffelfortsatze des Hinterhauptsbeines endigt. Etwas tiefer liegt
7. der kurze Beuger des Halses (m. flexor colli brevis), er entspringt am Querfortsatze des dritten, endigt am Körper des zweiten Halswirbels und unterstützt die andern Halsbeuger in ihrer Thätigkeit.

Figur 7. Das Zwerchfell, die Lendenmuskeln, und die innern Schenkelmuskeln, von unten gesehen.

1.1. Der fleischige Theil des Zwerchfelles (pars carnosa diaphragmatis), ist an den falschen Rippen und am Schaufelknorpel befestigt, und endigt in
2—2. dem sehnigen Theile desselben oder im Helmont'schen Spiegel (pars tendinosa diaphragmat. s. speculum Helmontii), welcher
4. die Oeffnung für die hintere Hohlvene (foramen pro vena cava), die schief von oben nach unten das Zwerchfell durchbohrt, enthält;
3—3. die Pfeiler des Zwerchfelles (crura diaphragmatis) sind am sehnigen Theile und an den Lendenwirbeln befestigt, sie enthalten
5. die Oeffnung für den Schlund (foramen pro oesophago), durch welche der Schlund aus der Brusthöhle in die Bauchhöhle tritt, dann
6. die Oeffnung für die hintere Aorta (foramen pro Aorta), durch welche die hintere Aorta aus der Brust-

in die Bauchhöhle tritt. Das Zwerchfell tritt bei dem Einathmen nach der Bauchhöhle zu, wodurch die Brusthöhle weiter wird, bei dem Ausathmen zurück nach der Brusthöhle hin, wodurch diese wieder enger wird.

7. der viereckige Lendenmuskel (m. quadratus lumborum) entspringt an den Körpern, und endigt an den Querfortsätzen der Lendenwirbel, die er einander nähert;

8.8. der Psoasmuskel (m. psoas parvus) liegt unter jenem, entspringt an den hintern Rücken- und vordern Lendenwirbeln, endigt mit einer Sehne am Becken und bringt dieses der Brust näher, indem der Rücken gekrümmt wird; neben diesem nach außen liegt

9.9. der große Lendenmuskel (m. psoas magnus), der wie der vorige M. entspringt, auch an den letzten Rippen befestigt ist, und an der innern Erhabenheit des Backenbeines endigt, das er beugt, wenn die Gliedmaaße von der Erde aufgehoben wird. Zwischen diesen beiden Muskeln liegt

10. der kleine Lendenmuskel (m. psoas tertius), er entspringt an der Kreuz-Darmbeinvereinigung, endigt und wirkt wie 9.

11. Der Darmbeinmuskel (m. iliacus internus) entspringt an der untern Fläche des Darmbeines, endigt und wirkt wie 9. 10. Zum Theil von diesem bedeckt ist

12. der grade Schenkelmuskel (m. rectus femoris), der am Becken entspringt, an der Kniescheibe endigt und diese nach oben zieht, zugleich den Unterschenkel streckt, wenn die Gliedmaaße niedergesetzt wird; gleiche Wirkung hat

13. der innere dicke Schenkelmuskel (m. vastus internus), welcher am Becken und Backenbeine anfängt, und am innern Winkel der Kniescheibe endigt;

14. der dicke Einwärtszieher des Backenbeines (5. Fig. 4. Tab. 12.). An der rechten Seite sind 8. und 9. ganz entfernt, 10—14. von andern Muskeln verdeckt.

15.15. Die breiten Einwärtszieher der Schenkelbeine (m. m. semimembranosi) entspringen vereinigt in der Mittellinie des Beckens, und jeder endigt am obern Theile des Unterschenkels, den er nach innen zieht; wenn beide wirken, so wird das Auseinanderspreitzen der hintern Gliedmaaßen verhindert. Mit

16. dem Saamenstrange (funiculus spermaticus) tritt

17. der Hodenmuskel (m. cremaster) aus dem Becken hervor, indem er an der Sehne von 18. entspringt, und

an der gemeinschaftlichen Scheidenhaut des Hoden, den er an den Bauch zieht, endigt.

18. Der dünne Einwärtszieher des Schenkelbeines (m. gracilis) entspringt im Becken, und endigt am Kniegelenk, er zieht die Gliedmaaße nach innen;

19. der Spanner der breiten Schenkelbinde (11. Fig. 1. Tab. 9.).

Tabula 9.

Figur 1. Die zweite Muskelschicht, von der linken Seite gesehen.

1. Der Griffel=Kinnbackenmuskel (12. Fig. 2. Tab. 7.),

2.2. der Brust=Kinnbackenmuskel (9. Fig. 5. Tab. 8.),

3.3. der Schulter=Zungenbeinmuskel (7. das.),

4.4. der gemeinschaftliche Kopf=, Hals= und Armmuskel (m. deltoides) entspringt am Hinterhaupte und am Halse, endigt am Armbeine, und hebt es, wenn der Kopf und Hals durch andere Muskeln festgestellt sind, oder trägt den Kopf und Hals, wenn die Gliedmaaße feststeht.

5. Der ungleich viereckige, und

6. der dreieckige Muskel (m. trapezius s. cucullaris) entspringen am Nackenbande, und endigen vereinigt an der Gräte des Schulterblattes, wenn beide wirken, so wird das Schulterblatt nach oben, wirkt 5., so wird es nach vorn, und wirkt 6. allein, so wird es nach hinten gezogen; hinter und unter der Schulter liegt

7.7. der breite Rückenmuskel (m. latissimus dorsi), welcher am Rücken anfängt, am Armbeine endigt, und dieses nach hinten zieht, wenn die Gliedmaaße aufgehoben wird;

8. der große Brustmuskel (13. Fig. 5. Tab. 8.),

9.9. der äußere schiefe Bauchmuskel (m. obliquus abdominis externus) ist an den meisten Rippen und Lendenwirbeln befestigt, wird von

10. einer gelben Faserhaut (aponeurosis flava), die zurückgeschlagen ist, bedeckt, und endigt in der Mittellinie des Bauches, indem er die Wand der Bauchhöhle bilden

und

und sie beim Ausathmen oder beim Drängen verengern hilft. An der hintern Gliedmaaße sieht man

11. den Spanner der breiten Schenkelbinde (m. tensor fasciae latae), welcher am äußern Winkel des Darmbeines entspringt, und sich am ganzen Oberschenkel ausbreitet, er zieht ihn nach vorn und spannt die tiefer liegenden Muskeln an; mit ihm verbunden ist

12. der äußere Backenmuskel (m. glutaeus externus), dessen Ursprung am innern und äußern Darmbeinwinkel und am Rücken ist, und welcher am untern Umdreher des Backenbeines endigt, um es nach hinten zu ziehen und zugleich die Muskeln der Croupe zu spannen. Hinter diesem liegen

13. der lange
14. der kurze
15. der mittlere

Auswärtszieher des Schenkelbeines (m. triceps femoris s. biceps femor. homin.), die am Kreuz- und Sitzbeine entspringen, und am Unterschenkel endigen, den sie nach außen und hinten ziehen, wenn die Gliedmaaße aufgehoben wird. Gleichen Ursprung hat

16. der lange Einwärtszieher des Schenkelbeines (m. adductor tibiae longus) und sein Ende erreicht er an der innern Seite des Unterschenkels, um ihn nach innen und hinten zu bewegen (13—16. zusammen nennt man die Hose).

Figur 2. Die dritte Muskelschicht, von der linken Seite gesehen.

1—1. Der riemenförmige Kopfmuskel (m. splenius capitis) liegt am Nacken, entspringt an der Sehne des breiten gezahnten Muskels (6. Fig. 1. Tab. 10.), und endigt am Hinterhaupte und ersten Halswirbel, daher hebt er Kopf und Hals;

2. der lange Beuger des Kopfes (4. Fig. 6. Tab. 8.),

3. der Schulter-Zungenbeinmuskel (7. Fig. 5. das.),

4. die Brust-Zungenbeinmuskeln (6. das.),

5. der ungleich dreiseitige Muskel (5. Fig. 1. Tab. 10.),

6, 6. der Aufheber des Schulterblattes (m. levator anguli scapulae) entspringt am Nacken (über 1. liegend) und endigt am Schulterblattknorpel, er zieht das Schulterblatt beim Niedersetzen der Gliedmaaße vorwärts, eben so wirkt

7. der rautenförmige Muskel (m. rhomboideus) der am Widerrüst anfängt, und hinter jenem am Knorpel des Schulterblattes endigt.
8. 8. Der breite gezahnte Muskel (m. serratus anticus major) befestigt sich an den vier hintern Halswirbeln und den neun vorderen Rippen, endigt an der innern Fläche des Schulterblattes und stellt dieses fest, indem er es an den Brustkasten zieht;
9. der kleine Brustmuskel (12. Fig. 5. Tab. 8.),
10. der vordere Grätenmuskel (1. Fig. 1. Tab. 11.),
11. der hintere Grätenmuskel (2. das.),
12. der lange Auswärtszieher des Armes (m. teres minor) entspringt auf dem hinteren Grätenmuskel, und endigt an der äußern Erhabenheit des Armbeines, das er nach außen und hinten bewegt;
13. der gemeinschaftliche Kopf-, Hals- und Armmuskel, oben abgeschnitten (4. Fig. 1.),
14. der dicke Strecker des Vorarmes (5. Fig. 1. Tab. 11.),
15. der mittlere — — — (6. das.),
16. 16. der vordere gezahnte Muskel (m. serratus posticus superior) entspringt am Widerrüst, und endigt von der 5ten bis 11ten Rippe, er zieht sie beim Einathmen nach vorn; ihm entgegen wirkt
17. 17. der hintere gezahnte Muskel (m. serratus posticus inferior), der am Rücken entspringt, und von der 11ten bis zur 17ten Rippe endigt, die er beim Ausathmen zurückzieht. Mit ihm zugleich wirkt
18. der innere schiefe Bauchmuskel (m. obliquus abdominis internus), welcher am äußern Winkel des Darmbeines entspringt, und an den hintern Rippen und in der Mittellinie des Bauches endigt (seine Sehne ist hier von der des äußern schiefen Bauchmuskels bedeckt). Zu den hintern Gliedmaaßen gehören:
19. 19. der große Backenmuskel (m. glutaeus maximus), entspringt auf dem langen Rückenmuskel, und endigt am obern Ende des Backenbeines, das er streckt, wenn die Gliedmaaße niedergesetzt wird, oder wenn das Pferd hinten ausschlägt;
20. der Darmbeinmuskel (11. Fig. 7. Tab. 8.),
21. der lange Einwärtszieher des Schenkelbeines (16. Fig. 1. Tab. 9.),
22. der grade Schenkelmuskel (12. Fig. 7. Tab. 8.),
23. der äußere dicke Schenkelmuskel (m. vastus ex-

ternus), welcher am obern Ende des Backenbeines entspringt, und am äußern Winkel der Kniescheibe endigt, er zieht sie nach oben und streckt den Unterschenkel,

24. das untere Ende des äußern Backenmuskels (12. Fig. 1. Tab. 9.).

Tabula 10.

Figur 1. Die vierte Muskelschicht, von der linken Seite gesehen.

1—1. Die drei Köpfe des riemenförmigen Kopfmuskels (1. Fig. 2. Tab. 9.),

2.2. der große durchflochtene Muskel (m. complexus major) wird von dem vorigen Muskel bedeckt, entspringt an den Querfortsätzen der 6 ersten Rückenwirbel, befestigt sich am Halse und am Hinterhaupte, und hebt den Hals und Kopf; mehr nach unten liegt

3. der lange Strecker des Halses (m. splenius colli), der am ersten Rückenwirbel anfängt, und am ersten Halswirbel aufhört, um diesen mit dem Kopfe zu heben, oder herabzuziehen, je nachdem die Strecker oder Beuger mitwirken.

4.4. Der lange Beuger des Kopfes (4. Fig. 6. Tab. 8.),

5. der ungleich dreiseitige Muskel oder untere Rippenhalter (m. scalenus inferior s. anterior hom.) nimmt seinen Anfang am vordern Rande der ersten Rippe, und sein Ende an den Querfortsätzen der vier hintern Halswirbel, er zieht den Hals herab und zur Seite;

6—6. der breite gezahnte Muskel (8. Fig. 2. Tab. 9.) ist hier in seiner ganzen Ausbreitung sichtbar;

7. der Rippen-Quermuskel (m. transversus costarum) entspringt an der ersten Rippe, und endigt am Knorpel der vierten, er zieht die Rippenknorpel beim Einathmen nach vorn. Am Rücken liegen:

8.8. der lange Stachelmuskel (m. spinalis et semispinalis dorsi), welcher in der Mitte des Rückens am Nackenbande und am langen Rückenmuskel (9.) entspr., und an den Bogen der hintern Halswirbel endigt,

9.9. der lange Rückenmuskel (m. longissimus dorsi), dessen Ursprung am Becken, und dessen Ende an den hintern Halswirbeln ist; beide Muskeln (8. und 9.) heben das ganze Vordertheil, wenn die hintern Gliedmaaßen auf der Erde stehen, oder das Hintertheil, wenn die vordern Gliedmaaßen feststehen, und zwar beim Galopp, oder beim Springen.

10.10. Der gemeinschaftliche Rippenmuskel (11. Fig. 2.),

11. der hintere Rippenmuskel (m. costarum retrahens) entspringt an den Querfortsätzen der vorderen Lendenwirbel, endigt an der letzten Rippe, und zieht sie beim Ausathmen zurück;

12. der Quer-Bauchmuskel (m. transversus abdominis) ist der innerste der Bauchmuskeln, entspringt an den Lendenwirbeln und an den falschen Rippen, endigt in der Mittellinie des Bauches (mit den beiden schiefen) und verengert die Bauchhöhle; unter ihm liegt

13.13. der grade Bauchmuskel (m. rectus abdominis), welcher an den Knorpeln der 4ten bis zur 8ten Rippe entspringt und am Schaambeine endigt, er hat 9—11 sehnige Zwischenräume (interstitia tendinosa) und drückt von unten auf den Bauch, wobei der Rücken gekrümmt wird. Zu den Muskeln des Hintertheiles gehören:

14. der mittlere Backenmuskel (m. glutaeus medius), er entspringt am Darmbeine, endigt am mittleren Umdreher des Backenbeines, und zieht es nach hinten, beim Strecken der Gliedmaaße; eben so wirkt

15. der kleine Backenmuskel (m. glutaeus minimus), der über der Gelenkpfanne entspringt, und mit jenem M. endigt. Zur Bewegung des Schwanzes und Afters dienen:

16. der Seitwärtszieher des Schwanzes (m. coccygeus), der an der innern Fläche des Kreuz-Sitzbeinbandes entspringt, und an der Seite des Schwanzes endigt, er zieht ihn zur Seite; unter diesem Muskel entspringt

17. der Aufheber des Afters (m. levator ani), welcher in

18. dem Schließer des Afters (m. sphincter ani), der um die Oeffnung des Mastdarmes herumliegt, endigt, 17. wirkt bei der Entleerung des Mistes, 18. schließt die Oeffnung nach der Entleerung. Durch

19. den langen und } Aufheber des Schwanzes (le-
20. den kurzen } vator caudae longus et brevis)

wird der Schwanz gehoben oder getragen; beide entspringen am Kreuzbeine, und endigen an den Schwanzwirbeln, der kurze bis zur Mitte, der lange bis zum Ende reichend.

21. Der grade Schenkelmuskel (12. Fig. 7. Tab. 8.), unter welchem

22. der eigentliche Schenkelmuskel (m. cruralis) liegt, dieser entspringt am obern Ende des Backenbeines, endigt mit dem graden an der Kniescheibe, und wirkt eben so;

23. der dünne Muskel des Backenbeines (m. tenuis femoris) entspringt über der Gelenkpfanne, und endigt an der äußern Seite des Backenbeines, er spannt das Kapselband etwas an. (22. und 23. sind erst sichtbar, nachdem der äußere dicke Schenkelmuskel (23. Fig. 2. Tab. 9.) entfernt worden ist.)

24. Der kleine Einwärtszieher des Backenbeines (m. adductor femoris brevis) entspringt am Sitzbeine, und endigt am Backenbeine, das er nach innen und hinten zieht; vor ihm liegt

25. der dicke Einwärtszieher des Backenbeines (5. Fig. 4. Tab. 12.), und hinter diesem

26. der dicke Einwärtszieher des Schenkelbeines (m. semitendinosus homin.) der am Schwanze (von welchem er hier getrennt ist) und am Sitzbeine entspringt, an der innern Seite des Unterschenkels endigt, um ihn nach innen und hinten zu bewegen.

Figur 2. Die fünfte Muskelschicht, von der linken Seite gesehen.

1. Der schiefe Kopfmuskel (m. obliquus capitis superior) entspringt am Flügel des ersten Halswirbels, und endigt am Hinterhauptsbeine, er hilft den Kopf strecken, eben so wie

2. der kleine durchflochtene Muskel (m. complexus parvus), entspringt am 2ten Halswirbel, und endigt am Hinterhaupte;

3. der dicke Strecker des Halses (m. obliquus capitis inferior) entspringt am Kamme des zweiten, und endigt am Flügel des ersten Halswirbels, den er mit dem Kopfe dreht;

4. der kurze Strecker des Halses (m. interspinalis cervicis) entspringt am zweiten Rückenwirbel, und endigt am zweiten Halswirbel, er streckt auch den Hals;

5.5. die Zwischen-Quermuskeln des Halses (m. intertransversarii cervicis) füllen die Räume zwischen den Quetfortsätzen der Halswirbel, und machen den Hals steif;
6. der kurze Stachelmuskel (m. semispinalis cervicis) entspringt an den vorderen Rückenwirbeln, und endigt an den hinteren Halswirbeln, die er strecken hilft;
7. der lange Strecker des Halses, oben abgeschnitten (3. Fig. 1.),
8. der lange Stachelmuskel, hinten abgeschnitten (8. das.),
9. der lange Rückenmuskel, hinten abgeschnitten (9. das.),
10. der obere Rippenhalter (m. scalenus superior s. posterior hom.) entspringt am vordern Rande der ersten Rippe, und endigt am Querfortsatze des 7ten Halswirbels, er hilft den Hals beugen;
11. der gemeinschaftliche Rippenmuskel (m. sacrolumbaris) befestigt sich an alle Rippen, und an die vordern Lendenwirbel, und bewegt die Rippen nach vorn beim Einathmen, nach hinten beim Ausathmen.
12.12. Die Aufheber der Rippen (m. m. levatores costarum) entspringen an den Querfortsätzen der Rückenwirbel, und endigen immer an der folgenden Rippe, die sie beim Einathmen nach vorn bewegen;
13.13. die schiefen Stachelmuskeln (m. multifidus spinae) entspr. an den Querfortsätzen der Rücken- und Lendenwirbel, endigen an den Dornfortsätzen der vorhergehenden Wirbel, und machen den Rücken steif, wenn das Thier eine Last trägt, oder wenn es springt, eben so wirken
14.14. die Zwischen-Quermuskeln der Lenden (m. m. intertransversarii lumborum), welche die Räume zwischen den Querfortsätzen der Lendenwirbel füllen. An den Rippen sind die äußere und innere Schicht der Zwischenrippenmuskeln sichtbar, aber nicht bezeichnet.

Tabula 11.

Figur 1. Die Muskeln der linken vorderen Gliedmaaße, von der äußern Seite gesehen.

1.1. Der vordere Grätenmuskel (m. supraspinatus) fängt am Knorpel des Schulterblattes an, füllt die Grube vor der Gräte aus, und endigt am obern Ende des Armbeines, welches er streckt;

2.2. der hintere Grätenmuskel (m. infraspinatus) füllt die hintere Grätengrube aus, und endigt auch am obern Ende des Armbeines, an der äußern Seite, er zieht dieses nach außen und hinten; an ihn grenzt

3. der kurze Auswärtszieher des Armes (m. abductor brachii brevis), welcher am hintern Rande des Schulterblattes entspringt, und an der äußern Erhabenheit des Armbeines endigt, er zieht es nach außen und hinten.

4. Der lange Strecker des Vorarmes (m. extensor cubiti longus) entspringt nahe am obern Ende des Schulterblattes, und endigt, mit einem breiten Theile verbunden, an der innern Seite des Ellenbogenhöckers (7. Fig. 2.);

5. der dicke Strecker des Vorarmes (m. anconaeus longus) nimmt fast den ganzen hintern Rand des Schulterblattes ein, und endigt am Ellenbogen, er so wie der vorige und der folgende Muskel strecken den Vorarm, wenn die Gliedmaaße niedergesetzt wird;

6. der mittlere Strecker desselben (m. anconaeus externus) entspringt am obern Ende des Armbeines (von 3. bedeckt), und endigt an der äußern Seite des Ellenbogenhöckers.

7. Der lange Beuger des Vorarmes (1. Fig. 3.),

8. der kurze Beuger des Vorarmes (2. Fig. 4.),

9. der Strecker des Schienbeines (3. Fig. 4.),

10.10. der Strecker des Kronen- und Hufbeines (m. extensor digitorum longior) entspringt am Armbeine, unter 9., verbindet sich mit der Sehne von 11., und endigt am Hufbeine, er streckt die ganze Zehe, wenn die Gliedmaaße niedergesetzt wird; hinter ihm liegt,

11.11. der Strecker des Fesselbeines (m. extensor digitorum brevior), der am äußern Rande des Vorarmes entspringt, und am Fesselbeine endigt, er wirkt wie 10. und mit ihm zusammen.

12. Der Strecker des Vorderknie's (4. Fig. 4.),

13.13. der äußere Beuger des Vorderknie's (m. flexor carpi ulnaris externus) entspringt am untern Ende des Armbeines, und endigt am Hakenbeine und äußern Griffelbeine, er beugt das Vorderknie und den Vorderfuß,

14. der äußere wurmförmige Muskel (m. lumbri-

calis externus) entspringt an der Sehne des Hufbeinbeugers, und endigt im Zellgewebe der Haarzotte, das er spannt,
15. die äußere Sehne des Fesselbeinbeugers (3. Fig. 6.).

Figur 2. Die Muskeln an der rechten vordern Gliedmaaße, von der innern Seite gesehen.

1. Der Aufheber des Schulterblattes, oben abgeschnitten (6. Fig. 2. Tab. 9.),
2. der rautenförmige Muskel (7. das.),
3. der innere Schenkel des vordern Grätenmuskels (1. Fig. 1.),
4. der Unterschultermuskel (m. subscapularis) nimmt den größeren Theil der innern Fläche des Schulterblattes ein, endigt am obern Ende des Armbeines, und zieht es nach innen und hinten; mit ihm am Ursprunge ist verbunden:
5. der Niederzieher des Armbeines (m. teres major), indem er am hintern Rande des Schulterblattes entspr., er endigt, verbunden mit
6. dem breiten Rückenmuskel (7. Fig. 1. Tab. 9.), an der innern Seite des Armbeines, welches die beiden Muskeln nach hinten ziehen, wenn die Gliedmaaße aufgehoben wird; unter diesen liegt der innere Theil
7. des langen Streckers des Vorarmes (4. Fig. 1.), dessen Sehne die oberen Muskeln spannt;
8. der kurze Strecker des Vorarmes (5. Fig. 3.),
9. der Aufheber des Armbeines (m. coraco-brachialis) entspringt am Rabenschnabelfortsatze des Schulterblattes (wo auch
10. der große Brustmuskel (13. Fig. 5. Tab. 8.) mit einer Sehne endigt), und befestigt sich dann am Armbeine, das er hebt, wenn die Gliedmaaße gestreckt wird;
11. der lange Beuger des Vorarmes (1. Fig. 3.),
12. der Strecker des Schienbeines (3. Fig. 4.),
13. die Sehne vom Strecker des Vorderknie's (4. Fig. 4.),
14.14. der Beuger des Schienbeines (m. flexor carpi radialis) entspr. am untern Ende des Armbeines, und endigt am obern Ende des Schienbeines, das er beugt; zugleich mit ihm entspringt
15.15. der innere Beuger des Vorderknie's (m. flexor carpi ulnaris internus), der am Hakenbeine endigt, und die Wirkung des vorigen M. hat;

16. der innere wurmförmige Muskel (m. lumbricalis internus) verhält sich wie der äußere (14. Fig. 1.).

Figur 3. Muskeln an der rechten vorderen Gliedmaaße, von der innern Seite gesehen.

1.1. Der lange Beuger des Vorarmes (m. biceps brachii homin.) entspringt mit einer starken Sehne an der Schulterbeule, und endigt am obern Ende der Speiche, er beugt den Vorarm;
2. der Aufheber des Armbeines (9. Fig. 2.),
3. der Spanner des Kapselbandes (m. tensor ligamenti capsularis) entspringt am Schulterblatte, ist an das Kapselband befestigt, und endigt am Armbeine, er spannt das Kapselband bei den Bewegungen der Gliedmaaße;
4.4. der kurze Beuger des Vorarmes (2. Fig. 4.),
5. der kurze Strecker des Vorarmes (m. anconaeus internus) entspringt über der Mitte des Armbeines, endigt an der innern Seite des Ellenbogenhöckers, und hilft den Vorarm strecken;
6. der dicke Strecker des Vorarmes (5. Fig. 1.). Außer 4. 5. 6. Fig. 1. und 5. Fig. 2. ist noch ein fünfter Strecker des Vorarmes, nämlich der kleine, vorhanden, der aber an keiner Figur sichtbar ist. — Zur Beugung des Fußes oder der Zehe dienen:
7. der Ellenbogen- oder Keulenmuskel (caput ulnare flexoris digiti profundi), der an der innern Seite des Ellenbogenhöckers entspringt, und in der gemeinschaftlichen Sehne der Hufbeinbeuger (6. Fig. 5.) endigt;
8.8. der Beuger des Kronenbeines oder der oberflächliche Zehenbeuger (m flexor digiti sublimis), welcher am untern Ende des Armbeines entspringt, von der Speiche eine Unterstützungssehne erhält, und am Kronenbeine endigt (1. Fig. 5.);
9. der äußere und mittlere Beuger des Hufbeines (2.3. Fig. 5.).

Figur 4. Muskeln an der linken vorderen Gliedmaaße, von vorn gesehen.

1. Der lange Beuger des Vorarmes ist vom Schulterblatte abgeschnitten und so gewendet, daß man die untere, ausgehöhlte Fläche der dicken Sehne sieht;

2. der kurze Beuger des Vorarmes (m. brachialis internus) entspringt am obern Ende des Armbeines, windet sich um dasselbe, und endigt am obern Ende der Speiche, er beugt mit 1. den Vorarm;
3. der Strecker des Schienbeines (m. extensor carpi radialis) entspringt am untern Ende des Armbeines, und endigt am obern Ende des Schienbeines, er streckt den untern Theil der Gliedmaaße; mehr versteckt liegt
4.4. der Strecker des Vorderknie's oder lange Abzieher des Daumens (m. abductor pollicis longus), entspringt in der Mitte des Vorarmes, endigt an der innern Seite des Vorderknie's, und hat keine merkliche Wirkung bei den Thieren, denen der Daumen fehlt;
5.5. der Strecker des Kronen- und Hufbeines (10. Fig. 1.),
6.6. der Strecker des Fesselbeines (11. das.),
7. der Aufheber des Armbeines (9. Fig. 2.).

Figur 5. Muskeln am rechten Vorarme, von hinten gesehen.

1. Das obere uud untere Ende des Kronenbeinbeugers,
2. der äußere
3. der mittlere
4. der innere } Kopf des Hufbeinbeugers (caput externum, medium et internum flexoris digiti profundi), entspringen vereinigt am untern Ende des Armbeines, vereinigen sich in
6. der gemeinschaftlichen Sehne, die den Kronenbeinbeuger am Kronenbeine durchbohrt, und an der untern Fläche des Hufbeines endigt (4. Fig. 6.);
5. der Speichen- oder Kegelmuskel (caput radiale flexoris digiti profundi) ist der vierte Kopf des Hufbeinbeugers, entspringt an der Speiche, und endigt in der gemeinschaftlichen Sehne; eben so
7. die Sehne des Ellenbogen- oder Keulenmuskels (7. Figur 3.); diese fünf Muskeln beugen den Vorderfuß oder die Zehe, wenn die Gliedmaaße zum Fortschreiten gehoben wird;
8. die Sehne des Schienbeinbeugers (14. Fig. 2.).

Figur 6. Die Zwischenknochenmuskeln am rechten Vorderfuße, von hinten gesehen.

1. Der innere
2. der äußere } Zwischenknochenmuskel (m. interosseus internus et externus) sind sehr

dünne Muskeln, und nur Rudimente, entspringen an der untern Reihe der Vorder-Fußwurzelknochen, und endigen im Zellgewebe in der Gegend des Fesselgelenkes, indem die Sesambeine und Fesselbeine, zu deren Bewegung sie eigentlich vorhanden sind, fehlen;

3. der Beuger des Fesselbeines oder der mittlere Zwischenknochenmuskel (m. interosseus medius) entspringt mit jenen, ist fast ganz sehnig, und endigt an den Sesambeinen, giebt aber zwei Sehnen nach vorn an den Strecker des Kronen- und Hufbeines; beim Niedersetzen der Gliedmaaße verhindert er das Ausweichen des Schienbeines nach hinten.

4. Das untere Ende der Sehne von den Hufbeinbeugern, welche vom Strahlbeine einen Eindruck hat.

Tabula 12.

Figur 1. Muskeln am Becken, von oben gesehen.

Die beiden Kreuz-Sitzbeinbänder sind entfernt worden, um das Heraustreten der Muskeln aus dem Becken deutlicher zu sehen.

1. 1. Die kleinen Backenmuskeln (15. Fig. 1. Tab. 10.),
2. der mittlere Backenmuskel der rechten Seite (14. das.),
3. der birnförmige oder pyramidenförmige Muskel (m. pyriformis) entspringt an der Kreuz-Darmbeinvereinigung im Becken, tritt über den obern äußern Rand des Sitzbeines heraus, und vereinigt sich mit
4. 4. dem Sitzbeinmuskel (m. m. gemelli), der, aus zwei Theilen bestehend, auf der obern Fläche des Schaam- und Sitzbeines entspringt,
5. die gemeinschaftliche Sehne beider Mukeln (3. und 4.) endigt in der Grube der Umdreher am Backenbeine, welches durch diese Muskeln nach außen gedreht wird.

6—6. Der innere Verstopfungsmuskel (m. obturator internus) entspringt am innern Rande des eirunden Loches, geht unter dem Becken nach außen in die Grube der Umdreher, und wirkt wie die vorigen Muskeln,

7. der Schaambeinmuskel (1. Fig. 3.),
8.8. die kleinen Einwärtszieher des Backenbeines (3. das.),
9. der viereckige Backenbeinmuskel (m. quadratus femoris) entspringt am obern äußern Rande des Sitzbeines, endigt in der Grube der Umdreher, und dreht das Backenbein nach außen.

Figur 2. Muskeln des Schwanzes, Afters und der Ruthe, von hinten gesehen.

1. Der lange Niederzieher des Schwanzes (m. depressor caudae longus) entspringe an der untern Fläche des Kreuzbeines, und befestigt sich an alle Schwanzwirbel;
2. der kurze Niederzieher des Schwanzes (m. depressor caudae brevis) liegt mehr nach innen und entspringt in der Mitte des Kreuzbeines, er reicht nur bis über die Mitte des Schwanzes, und beide Muskeln (1. und 2.) ziehen den Schwanz mit großer Kraft herab. In der Mitte zwischen den kurzen Niederziehern liegt
3. der After-Schwanzmuskel oder das After-Schwanzband (m. inter anum et caudam), welcher an den vordern Schwanzwirbeln entspringt, und am Mastdarme endigt, durch ihn wird das zu starke Hervortreten des Mastdarmes verhindert.
4. Der Seitwärtszieher des Schwanzes (16. Fig. 1. Tab. 10.),
5. der Aufheber des Afters (17. das.),
6. der Schließer des Afters (18. das.),
7. der Aufrichter der Ruthe (m. erector penis) entspr. am Sitzbeinhöcker, und endigt am schwammigen Körper der Ruthe, die er, gemeinschaftlich mit dem der andern Seite, an den Bauch zieht, wenn sie steif ist;
8. der Mittelfleischmuskel (m. perinaei) ist sehr dünn, entspringt am Schließer des Afters, und endigt in der Haut des Mittelfleisches, die er spannt;
9. die After-Ruthenmuskeln, unten abgeschnitten,
10.10. der Harn- oder Saamenschneller (m. accelerator urinae et spermatis), er ist unpaarig, an dem schwammigen Körper der Ruthe und an der untern Fläche der Harnröhre befestigt, die er bei der Entleerung des Urins, oder des Saamens stoßweise zusammendrückt.

Figur 3. Einige Muskeln am Becken, von unten gesehen.

1. Der Schaambeinmuskel (m. pectinaeus) entspringt an der untern Fläche des Schaambeines, und endigt in der Grube der Umdreher, er dreht die Gliedmaaße nach innen; hinter ihm liegt
2. der äußere Verstopfungsmuskel (m. obturator externus), welcher das eirunde Loch von unten bedeckt, an seinem Rande entspringt, und wie jener endigt und wirkt;
3. der kleine oder kurze Einwärtszieher des Bakkenbeines (m. adductor femoris brevis) hat seinen Anfang an der untern Fläche des Sitzbeines, und sein Ende an der hintern Fläche des Backenbeines, das er nach innen und hinten zieht.

Figur 4. Muskeln an der rechten hintern Gliedmaaße, von der innern Seite gesehen.

1. 1. Der birnförmige oder pyramidenförmige Muskel (3. Fig. 1.),
2. der grade Schenkelmuskel (12. Fig. 7. Tab. 8.),
3. der innere dicke Schenkelmuskel (13. das.),
4. der mittlere Einwärtszieher des Backenbeines (m. adductor femoris longus) entspringt am vordern Rande des Schaambeines, endigt in der Mitte des Bakkenbeines, und zieht es nach innen; eben so wirkt
5. der dicke Einwärtszieher des Backenbeines (m. adductor femoris magnus), welcher an der untern Fläche des Schaam- und Sitzbeines entspringt, und am untern Ende des Backenbeines endigt. Unter ihm entspringt
6. 6. der innere Zwillingsmuskel (m. gastrocnemius internus) über dem innern Knopffortsatze des Backenbeines, und endigt mittelst der Achillessehne am Sprungbeine, er streckt den Hinterfuß beim Niedersetzen der Gliedmaaße;
7. der dünne Beuger des Hufbeines (2. Fig. 5.),
8. der dicke Beuger des Hufbeines (4. das.),
9. der innere wurmförmige Muskel, verhält sich wie an der vordern Gliedmaaße (16. Fig. 1. Tab. 11.).

Figur 5. Muskeln am rechten Unterschenkel, von hinten gesehen.

1. Der Kniekehlenmuskel (m. poplitaeus) entspringt am äußern Knopffortsatze des Backenbeines und endigt an der hintern Fläche des Schenkelbeines, das er beugt;
2.2. der dünne Beuger des Hufbeines (m. flexor hallucis longus hom.) entspringt am Schenkelbeine, und endigt unter dem Sprunggelenke in der Sehne des dicken Beugers;
3.3. der hintere Schenkelbeinmuskel (m. tibialis posticus) entspringt mit 2. und 5. am Schenkelbeine, und endigt in der Sehne
4.4. des dicken Beugers des Hufbeines (m. flexor digiti longus), der am weitesten nach außen liegt, seine Sehne durchbohrt,
5. die Sehne des Kronenbeinbeugers, und endigt am Hufbeine, wie an der vordern Gliedmaaße; sie beugen die Zehe oder den Fuß.

Figur 6. Muskeln am linken Unterschenkel des Pferdes, von der äußern Seite gesehen.

1.1. Der vordere Strecker des Kronen- und Hufbeines (2. Fig. 7.),
2. der seitliche Strecker desselben oder der dritte Wadenbeinmuskel (m. peronaeus tertius) entspr. am obern Ende des Wadenbeines, verbindet sich unter dem Sprunggelenke mit 1., und hilft die Zehe strecken;
3. der dünne Strecker des Sprunggelenkes oder der Sohlenmuskel (m. plantaris) entspringt mit 2. und endigt in der Achillessehne (4.), die er spannt;
4—4. der äußere Zwillings- oder Wadenmuskel (m. gastrocnemius externus) entspringt über dem äußern Knopffortsatze des Backenbeines, endigt mit dem innern (6. Fig. 4.) in der Achillessehne, und streckt den Fuß; er ist oben durchgeschnitten, um den Ursprung
5.5.5. des Kronenbeinbeugers (m. soleus et flexor brevis digiti) deutlicher zu sehen; dieser entspringt nämlich in der Grube am Backenbeine, von 4. bedeckt, geht über die Achillessehne und das Sprungbein herab, endigt gespalten am Kronenbeine und beugt die Zehe.

6. Der dicke Beuger des Hufbeines (4. Fig. 5.),
7. der äußere wurmförmige Muskel verhält sich wie der innere.

Figur 7. Muskeln am linken Unterschenkel des Pferdes, von vorn gesehen.

1. 1. Der Beuger des Schienbeines (m. tibialis anticus) entspringt theils am Backenbeine, theils am Schenkelbeine, und endigt mit drei Sehnen am Schienbeine und an den Griffelbeinen, er beugt den Fuß;
2. 2. der vordere Strecker des Kronen- und Hufbeines (m. extensor digiti longus) entspringt mit jenem M. über dem äußern Knopffortsatze des Backenbeines, und endigt am Hufbeine, er streckt die Zehe, und wird dabei durch
3. 3. den seitlichen Strecker (2. Fig. 6.) und durch
4. den unteren oder kurzen Strecker (m. extensor brevis digiti) unterstützt; dieser entspringt an der untern Reihe der Sprunggelenkknochen, und endigt an den Sehnen von 2. und 3.

Tabula 13.

Figur 1. Die oberflächlichen Speicheldrüsen von der rechten Seite.

1. 1. Die Backendrüse (glandula buccalis) ist die kleinste am Kopfe, und wird durch den Backenmuskel (9. 9.) verdeckt; sie hat viele kleine Ausführungsgänge, die an der innern Fläche der Backen münden (1. 1. Fig. 3.).
2. 2. Die Ohr-Speicheldrüse (gland. Parotis) ist die größeste, gehört, wie alle Speicheldrüsen, zu den zusammengehäuften Drüsen (glandulae conglomeratae), liegt zwischen dem ersten Halswirbel und dem Unterkiefer, und hat einen Ausführungsgang, nämlich
3—3. den Stenon'schen Gang (ductus Stenonianus),

welcher mit vielen kleinen Zweigen in der Drüse entspr., durch den Kehlgang über den untern Rand des Unterkiefers an das Antlitz tritt, dort unter der Antlitz-Arterie (7.) und der Vene (8.) hervorkommt, und den Backenmuskel durchbohrt, um in der Gegend des dritten Backenzahnes des Oberkiefers zu münden (2. Fig. 3.). Die Drüse wird nach unten durch

4. die Drosselvene (vena jugularis) begrenzt, welche durch
5. die innere und
6. die äußere Kinnbacken-Vene (vena facialis s. maxillaris interna et externa) gebildet wird.
7. Die Antlitz-Arterie (arteria labialis),
8. die Antlitz-Vene (vena labialis),
9. 9. der Backenmuskel (in der Mitte durchgeschnitten).

Figur 2. Ansicht der Ohr-Speicheldrüsen von unten.

1. 1. Die beiden Ohr-Speicheldrüsen (2. Fig. 1.),
2—2. die Stenon'schen Gänge (3. das.), welche im Kehlgange am weitesten nach oben liegen; unter ihnen liegen
3. 3. die Antlitz-Venen, und noch tiefer herab
4. 4. die Antlitz-Arterien;
5. die Höhle des Kehlkopfes,
6. die Höhle des Schlundes,
7. 7. der erste Halswirbel.

Figur 3. Seitenansicht der rechten Unterkiefer- und Unterzungendrüse.

Der rechte Ast des Unterkiefers ist hinweggenommen, der äußere Kaumuskel und der Backenmuskel sind zurückgeschlagen.

1. 1. Die Mündungen der Ausführungsgänge von der Backendrüse (1. Fig. 1.),
2. die Mündung des Stenon'schen Ganges (3. das.),
3. die beiden Hungerwarzen (papillae sublinguales), unter welchen die Wharton'schen Gänge münden (unter der rechten kommt die Sonde aus dem Gange hervor).
4. Die Unterzungen-Drüse (glandula sublingualis) liegt an der Seite der Zunge, hat viele kleine Ausführungs-

rungsgänge, die Rivin'schen Gänge (ductus Riviniani) genannt, deren

5.5. Mündungen über der Drüse, an der glatten Fläche der Schleimhaut, sind.

6.6. Die Unterkiefer-Drüse (glandula submaxillaris) reicht von der Flügelgrube des ersten Halswirbels (8.) bis an den Kehlkopf, wird von der Ohrspeicheldrüse bedeckt, und hat nur

7.7. den Wharton'schen Gang (ductus Whartonianus), der unter der Hungerwarze (3.) mündet.

Tabula 14.

Figur 1. Der Magen, von der obern Seite gesehen.

1. Der Schlund oder die Speiseröhre (oesophagus) führt die Nahrungsmittel und das Getränk in den Magen, und mündet in schiefer Richtung, von oben nach unten, in denselben. Der Magen (ventriculus) wird eingetheilt in

2. das linke Ende oder den blinden Sack (extremitas ventriculi sinistra s. saccus coecus), in

3. die obere (und untere) Wand (paries superior), ferner in

4. die kleine Krümmung oder den kleinen Bogen (curvatura s. arcus minor),

5. die große Krümmung oder den großen Bogen (curvatura s. arcus major) und in

6. das rechte Ende (extremitas dextra). Er besteht aus drei Häuten, nämlich aus

7.7. der äußern (serösen) Haut (tunica externa s. serosa), welche am linken und rechten Ende zurückgeschlagen ist; ferner aus der Muskelhaut oder der mittleren (tunica carnea s. media) und aus der innern Haut (3—5. Fig. 2.). Die Muskelhaut besteht am Schlunde aus schiefen und aus

8. Zirkelfasern (fibrae circulares), am Magen aus

9. schiefen Fasern (fibrae obliquae),

10. Längenfasern (fibrae longitudinales) und auch aus

11. Zirkelfasern (fibrae circulares), welche sämtlich zur Verengerung der Höhle und dadurch zur Fortschaffung der Nahrungsmittel, in
12. den Zwölffingerdarm (intestinum duodenum), dienen.

Figur 2. Der aufgeschnittene Magen und Zwölffingerdarm, von oben gesehen.

1. Der Schlund,
2. die Schlundmündung (ostium oesophageum s. cardia),
3. 3. die linke Hälfte der innern oder Schleimhaut (tunica intima s. mucosa), welche weißlich und eben ist, und durch
4. 4. den gefalteten oder gefranzten Rand (margo plicatus s. fimbriatus) an
5. 5. die rechte Hälfte der Schleimhaut grenzt; welche grauroth und runzlicht (rugosa) ist. Am rechten Ende ist
6. die Zwölffingerdarm-Oeffnung oder der Pförtner (ostium duodenale s. pylorus); beide Oeffnungen haben Klappen, s. Fig. 3. und 4. In der Höhle dieses Darmes sind drei Oeffnungen, von welchen zwei von
7. einer Wulst der Schleimhaut umgeben werden, nämlich
8. die Mündung des Leber-Ganges (orificium ductus hepatici) und
9. die Mündung des Wirsung'schen Ganges (orific. ductus Wirsungiani), welcher mit dem kleinen Ausführungsgange, dessen Mündung bei
10. ist, von der Bauch-Speicheldrüse kommt.

Figur 3. Das Schlundstück des (getrockneten) Magens mit der Schlundklappe, von der Höhle aus gesehen.

1. Der Schlund,
2. die obere } Windung der Schlundklappe (val-
3. die untere } vula cardiae), welche durch Verdoppelung der innern Schlundhaut gebildet ist, und das Zurücktreten der Nahrungsmittel in den Schlund verhindet;
4. 4. die Magenwand.

Figur 4. Das rechte Ende des getrockneten Magens, mit der Pförtnerklappe, von der Magenhöhle aus gesehen.

1. Der oberr Theil des Zwölffingerdarmes,
2. die Pförtnerklappe (valvula pylori) ist halbmondförmig, bisweilen fast ringförmig, und verhindert den Rücktritt der Nahrungsmittel aus dem Zwölffingerdarme in den Magen;

3. 3. die Magenwand.

Figur 5. Ein Theil vom dünnen oder engen Darme.

1. Die äußere oder seröse Haut (tunica externa s. serosa) ist abgetrennt und zurückgeschlagen, um die mittlere oder Muskelhaut zu sehen; sie besteht aus
2. Längenfasern (fibrae longitudinales), die oberflächlich liegen, und den Darm verkürzen; und aus
3. Zirkelfasern (fibrae circulares), welche unter diesen liegen, und den Darm verengern.

Figur 6. Ein Theil vom Mastdarme.

1. Die äußere oder seröse Haut (zurückgeschlagen),
2. die Längenfasern der Muskelhaut oder das untere Mastdarmband (fibrae longitudinales s. ligamentum intestini recti inferius), diese Fasern sind vereinigt, daher haben sie den Namen Band erhalten; sie verkürzen den Darm nur sehr wenig, und bilden dadurch die Poschen, daß sie ursprünglich kürzer sind, als der Darm;

3. 3. die Zirkelfasern der Muskelhaut.

Tabula 15.

Figur 1. Der Darmkanal, von unten gesehen.

Die Pfeile bezeichnen die Richtung, in welcher der Futterbrei fortgeleitet wird.

1. Das Mittelstück oder der Körper des Blinddarmes (pars media s. corpus intestini coeci) enthält vier

Bänder (wie 2. Fig. 6. Tab. 14.), wovon hier zwei sichtbar sind, und viele Poschen, welche durch diese Bänder gebildet werden; an

2. der Spitze (apex) desselben fehlen die Bänder, mithin auch die Poschen. Der Blinddarm ist die erste Abtheilung des dicken oder weiten Darmes, zur zweiten gehört der Grimmdarm (intestinum colon), der aus

3. 3. der untern Lage (stratum intest. coli inferius), welche aus dem Blinddarme entspringt, und aus

4. 4. der obern Lage (stratum intest. coli superius) besteht, jene hat viele, diese nur wenige Poschen. Die beiden Lagen bilden in der Bauchhöhle drei Krümmungen, nämlich

5. die vordere untere Krümmung (curvatura anterior inferior),

6. die vordere obere Krümmung (curvatura anterior superior) und

7. die hintere Krümmung (curvatura posterior), wo die untere Lage in die obere übergeht, und wo der Darm beträchtlich enger ist. Beide Lagen sind durch

8. das Gekröse des Grimmdarmes (mesocolon) mit einander verbunden, welches am vordern Theile sehr kurz ist, so daß sie ganz nahe zusammenliegen. Der dünne oder enge Darm (intestina tenuia) wird eingetheilt, in

9. den Zwölffingerdarm (intestinum duodenum), welcher am Magen entspringt und in

10—10. den Leerdarm (intestinum jejunum) übergeht; dieser ist der längste Theil des Dünndarmes, macht viele unregelmäßige, und sehr veränderliche Windungen, und geht in die dritte Abtheilung, nämlich in

11. 11. den Krumm- oder Hüftdarm (intest. ileum) über, welcher durch eine dickere Muskelhaut ausgezeichnet ist, und in den Blinddarm mündet. Der ganze dünne Darm wird durch

12. 12. das Gekröse des Dünndarmes (mesenterium), welches aus zwei Platten der Bauchhaut besteht, und die Blutgefäße, Lymphgefäße, Lymphdrüsen und Nerven des Darmes einschließt, mit der Wirbelsäule und mit dem Blinddarme verbunden.

13. Ein Theil des Mastdarmes (s. 10. Fig. 2.).

Figur 2. Der dicke oder weite Darm, von oben gesehen.

Die Pfeile bezeichnen auch hier die Richtung, in welcher die Futterstoffe fortgetrieben werden. Der Dünndarm ist, mit Ausnahme des Hüftdarmes, entfernt worden.

1—1. Die oberere Lage des Grimmdarmes (4. Fig. 1.) ist an
3. der vordern obern Krümmung (6. Fig. 1.) sehr weit, und bildet die sogenannte magenähnliche Erweiterung, wird aber an der rechten Seite sehr eng, und geht in den Mastdarm (10.) über.
2—2. Die untere Lage des Grimmdarmes (3. Fig. 1.) bildet
4. die vordere untere Krümmung (5. Fig. 1.), und geht an
5. der hintern Krümmung (7. Fig. 1.) in die obere Lage über; unter ihr tritt
6.6. das Mittelstück des Blinddarmes (1. Fig. 1.) hervor.
7. Das Grundstück oder der blinde Sack des Blinddarmes (saccus coecus intestini coeci) liegt am weitesten nach rechts, an ihm und an der obern Lage des Grimmdarmes ist
8—8. die Stelle zur Anheftung der Bauch-Speidrüse, wo die äußere Haut beider Darmtheile fehlt, indem sie mit dieser Drüse losgetrennt wird.
9. Das Ende des Hüftdarmes (11. Fig. 1.). Die dritte Abtheilung des dicken Darmes bildet
10—10. der Mastdarm (intestinum rectum), welcher am After endigt und durch
11—11. das Mastdarm-Gekröse (mesenterium intestini recti), welches wie das Dünndarmgekröse (12. Fig. 1.) gebildet ist, an die Wirbelsäule befestigt wird.

Tabula 16.

Figur 1. Der geöffnete Blinddarm, von hinten gesehen.

Ein Viertheil der natürlichen Größe.

1. Das Mittelstück } des Blinddarmes,
2. der blinde Sack }

3. der Ursprung des Grimmdarmes,
4. 4. 4. die Falten der Schleimhaut in der Höhle des Mittelstückes,
5. die Mündung des Hüftdarmes, welche durch die Hüft-Blinddarmklappe (valvula Bauhini) geschlossen wird,
6. die Oeffnung zum Grimmdarme, vor welcher
7. die Blind-Grimmdarmklappe (valvula coeco-colica) liegt, die den Rücktritt des Futterbreies in den Blinddarm verhindert.

Figur 2. Der Blinddarm, von der linken Seite.

1. Die Spitze,
2. das Mittelstück oder der Körper des Blinddarmes (Tab. 15. Fig. 1.),
3. der Grund oder blinde Sack;
4. 4. die oberen und inneren Längenfasern oder Bänder (fibrae longitudinales s. ligamenta intestini coeci), durch welche die Pöschen gebildet werden. Der Blinddarm hat, wie der Magen, eine große gewölbte Krümmung (die an der Figur nach unten zu liegt) und eine kleine ausgehöhlte Krümmung, in welcher
5. der Hüftdarm mündet und
6. der Grimmdarm entspringt.

Figur 3. Die Leber, von vorn gesehen.

Die hier vorgestellte vordere Fläche der Leber ist dem Zwerchfelle zugewendet. Die Leber, welche zur Bereitung der Galle dient, wird eingetheilt in
1. den rechten Lappen (lobus hepatis dexter), welcher gewöhnlich der größeste ist, in
2. den mittleren Lappen (lobus h. medius), der am untern Rande noch mehrere Einschnitte hat, und in
3. den linken Lappen (lobus h. sinister). Am obern Rande hat sie
4. den Ausschnitt für den Schlund (sinus pro oesophago), und an der vordern Fläche eine Rinne für
5. die hintere Hohlvene (vena cava posterior s. inferior hom.), welche
6. die Lebervenen (venae hepaticae) aufnimmt. Durch Bänder, welche aus zwei Platten der äußern Haut (Bauch-

haut) best ehen, wird die Leber an das Zwerchfell befestigt, nämlich durch

7. das rechte Band (ligamentum hepatis dextrum), welches am äußern Rande des rechten Lappens entspringt; durch
8. das linke Band (lig. hepat. sinistrum), das am obern Rande des linken und an der vordern Fläche des mittleren Lappens entspringt, ferner durch
9. das Aufhängeband (lig. suspensorium), welches an der vordern Fläche des mittleren Lappens entspringt, und endlich durch
10. das runde Band (lig. teres), dieses ist die geschlossene, aber bei dem Foetus Blut führende, Nabelvene. Am rechten Lappen ist
11. ein Theil der äußern Haut abgetrennt und zurückgeschlagen um
12. die Substanz der Leber (parenchyma hepatis) zu sehen.

Figur 4. Ansicht der hintern Fläche der Leber.

1. Der linke
2. der mittlere } Lappen,
3. der rechte
4. der obere oder Spigel'sche Lappen (lobulus Spigelii) liegt an der hintern Fläche des rechten Lappens und hat eine Grube (13.), welche durch das vordere Ende der rechten Niere ausgefüllt wird.
5. Das linke
6. das rechte
7. das Aufhänge- } Band der Leber.
8. das runde

9.9. Die Pfortader (vena portarum), welche der Leber dunkles Blut, zur Gallenbereitung, zuführt (sie wird durch eine Nadel zur Seite gehalten),

10.10. die Aeste des Leberganges (rami ductus hepatici), die in der Substanz der Leber entspringen, und

11. der Lebergang (ductus hepaticus), welcher die Galle in den Zwölffingerdarm führt, liegen in
12. der Querfurche oder Leberpforte (fossa transversa s. porta hepatis). Die Arterie, Lymphgefäße und Nerven, welche auch in dieser Furche liegen, sind nicht gezeichnet.

Figur 5. Ein Stück aus der Mitte der Leber, von der Seite gesehen. Natur-Größe.

1. 1. Die äußere (seröse) Haut der Leber (tunica externa hepatis),
2. 2. das körnige Gewebe (parenchyma hepatis), in welchem
3 — 3. die (durchschnittenen) Aeste der Pfortader (rami venae portarum) mit offenen Mündungen zu sehen sind, indem das feste Gewebe der Leber das Zusammenfallen verhindert;
4. 4. die (durchgeschnittenen) Aeste der Leberarterie (rami arteriae hepaticae) haben einen viel kleineren Durchmesser, und
5. 5. die (durchgeschnittenen) Gallengänge (ductus biliferi) sind immer gelblich, und dadurch von den Arterien unterschieden.

Figur 6. Ein Stück vom rechten Leberlappen, von der Seite gesehen. Natur-Größe.

Die Bezeichnung ist wie bei Fig. 7.

Tabula 17.

Figur 1. Die Milz, von der innern Seite gesehen.

Das Milz-Magenband und die Blutgefäße sind abgeschnitten, um die äußere Gestalt besser zu erkennen.

1. Das obere (breite) Ende (extremitas lienis superior) liegt unter der linken Niere (1. Fig. 2. Tab. 18.),
2. das untere Ende (extremit. lien. inferior) ist schmal und nach rechts gewendet;
3. 3. die Milzrinne (hilus lienalis), in welcher
4. 4. die Blutgefäße ein- und austreten, liegt in der Nähe
5. des vordern Randes (margo anterior), der ausgehöhlt ist, diesem gegenüber
6. der hintere Rand (margo posterior), der gewölbt erscheint.

Figur 2. Die Milz, von der äußern Seite gesehen.

1. Der hintere, 2. der vordere Rand;
3. die äußere (seröse) Haut (tunica externa s. serosa) ist zum Theil abgelöst und zurückgeschlagen, verbindet sich aber sehr innig mit
4. der eigenen Haut der Milz (tunica propria lienis), welches eine fibröse ist, die in
5. die Substanz der Milz (parenchyma lienis) mit vielen Fortsätzen eindringt und dadurch der weichen Substanz eine festere Grundlage bildet.

Figur 3. Ansicht eines Durchschnittes der Milz.

Es soll das Schwamm ähnliche des Innern der Milz, welches durch die Fortsätze der eigenen Haut hervorgebracht wird, und in welchem die, aus Bläschen bestehende Milzsubstanz liegt, vorgestellt sein, allein die Steinzeichnung ist sehr mangelhaft.

Figur 4. Die Bauchhöhle, von unten geöffnet.

Der Darmkanal ist entfernt worden, weil er die hier dargestellten Eingeweide verdeckt.

1. Das Aufhänge- und runde Band der Leber (9. 10. Fig. 3. Tab. 16.) gehen vom Schaufelknorpel an der hintern Fläche des Zwerchfelles aufwärts, an die vordere Fläche
2.2. der Leber (Fig. 4. das.), deren unterer Rand und hintere Fläche hier sichtbar sind. Hinter ihr liegt
3. der Magen (Tab. 14. Fig. 1.), wie er während der Verdauung gewendet ist;
4. die Milz,
5.5. das große Netz (10. Fig. 3. Tab. 18.),
6. der rechte
7. der mittlere } Lappen der Bauchspeicheldrüse;
8. der linke
9. der Zwölffingerdarm, welcher durch
10. das Nieren-Zwölffingerdarmband (lig. duodeno-renale) mit der rechten Niere verbunden ist.
11.11. Die linke und rechte Niere sind zum Theil verdeckt,
12.12. die Harnleiter führen den Urin von den Nieren zur Harnblase;

13. die linke Nebenniere.
14. Die Pfortader,
15. 15. die hintere Hohlvene, welche
16. die linke (und rechte) Nierenvene,
17. 17. die linke und rechte innere Saamenvene, die von den Eierstöcken kommen, aufnimmt.
18. 18. Die hintere Aorta giebt
19. die vordere und
20. die hintere Gekrösarterie (welche beide abgeschnitten sind) ab, auch
21. 21. die linke und rechte innere Saamenarterie.
22. 22. Der linke und rechte Eierstock,
23. 23. die Fransen der Muttertrompeten, welches die freien Enden
24. 24. der Muttertrompeten sind.
25. 25. Die Hörner der Gebärmutter vereinigen sich in
26. dem Körper der Gebärmutter, welche durch
27. 27. die runden Mutterbänder (ligamenta uteri teretia) und durch
28. 28. die breiten Mutterbänder mit den Bauchwänden verbunden wird (vergl. Tab. 20.).
29. Die Harnblase liegt unmittelbar an der untern Beckenwand.

Tabula 18.

Figur 1. Die Nieren und großen Gefäße des Hinterleibes, in natürlicher Lage; von oben gesehen.

Der letzte Rückenwirbel, alle Lendenwirbel, das Kreuzbein, der Schwanz und die an der Wirbelsäule liegenden Muskeln sind entfernt, so daß die Bauchhöhle von oben nur noch durch

1—1. den Sack der Bauchhaut (saccus peritonaei) geschlossen ist. Die Bauchhaut ist an der äußern Fläche rauh, an der innern glatt, sie bildet einen geschlossenen Sack, der die Bauchwände bekleidet, und giebt nach innen Fortsätze, welche die Eingeweide überziehen. Auf diesem Sacke, also außerhalb seiner Höhle, liegen:

2. die linke Niere (ren sinister),
3. die rechte Niere (ren dexter), diese mehr nach vorn, als jene;
4. die linke Nebenniere (glandula suprarenalis sinistra),
5. die rechte — (— — dextra).
Von jeder Niere geht
6—6. ein Harnleiter (ureter) nach hinten, welcher den Urin in die Urinblase (13. Fig. 3.) führt. Zwischen beiden Nieren liegen die großen Gefäßstämme, nämlich
7.7. die hintere Aorta (arteria Aorta posterior s. descendens hom.), von welcher
8.8. die Schenkel-Arterien (arteriae crurales) und
9.9. die Becken-Arterien (arteriae hypogastricae) abgehen; ferner
10.10. die hintere Hohlvene (vena cava posterior s. inferior hom.), welche
11.11. die Darmbein-Venen (venae iliacae) aufnimmt, und das Blut zum Herzen zurückführt.
12. Der After-Schwanzmuskel (3. Fig. 2. Tab. 12.)

Figur 2. Die Bauchhöhle mit ihren Eingeweiden, von oben geöffnet.

Die Nieren und die großen Gefäßstämme sind entfernt, und der Sack der Bauchhaut ist geöffnet worden, worauf die Eingeweide innerhalb des Sackes der Bauchhaut sichtbar werden.
1. Das obere Ende der Milz (1. Fig. 3.), liegt in der linken Unter-Rippengegend; gegenüber in der rechten Unter-Rippengegend
2. der rechte Lappen der Leber, hinter welchem
3. der linke Lappen der Bauchspeicheldrüse (lobus pancreatis sinister) liegt, der durch eine Brücke mit
4. dem rechten Lappen dieser Drüse (lobus pancreatis dexter) verbunden ist. An der rechten Seite desselben kommt
5.5. der Zwölffingerdarm (9. Fig. 1. Tab. 15.) vom Magen und macht eine Krümmung nach der linken Seite, wo er in
6—6. den Leerdarm (10. das.) übergeht, dessen Lage aber zwischen den dicken Därmen sehr veränderlich ist. Von der linken und rechten obern Lage

7—7. des Grimmdarmes (1. Fig. 2. Tab. 15.), an welchem die Bauchspeicheldrüse (3. 4.) befestigt ist, sind nur einige Stellen sichtbar; auch von
8—8. dem Mastdarme kommt nur ein Theil zwischen den übrigen Därmen hervor.
9. Das Gekröse des Dünndarmes (12. Fig. 1. Tab. 15.) und
10.10. das Gekröse des Mastdarmes (11. Fig. 2. das.) sind Fortsätze, die vom Sacke der Bauchhaut nach innen gehen; am hintern Ende des Mastdarmes (bei 10.) geht das letztere wieder in die Seitenwände des Sackes über.
11.11. Die Eierstöcke (ovaria) liegen in den Lendengegenden; von ihnen führen
12.12. die Muttertrompeten (tubae Fallopianae) zu
13.13. den Hörnern der Gebärmutter (cornua uteri), welche durch
14.14. die breiten Mutterbänder (ligamenta uteri lata), die ebenfalls Fortsätze der Bauchhaut sind, an die Wirbelsäule befestigt werden.

Von den Blutgefäßen, welche das Blut zu den Eingeweiden hinführen; sind hier sichtbar
15. der Stamm der Bauchschlagader (truncus arteriae coeliacae),
16. der Stamm der vordern Gekröss-Arterie (truncus arteriae mesentericae anterioris), welcher bei dem Pferde auch zugleich zur Verbindung des dicken Darmes mit der Wirbelsäule dient, und
17. der Stamm der hintern Gekröss-Arterie (truncus arteriae mesentericae posterioris) sichtbar; ferner
17b. die Milzvene (vena lienalis),
18.18. die vordere und hintere Gekröss-Vene (vena mesenterica anterior et posterior), welche
19.19. den Stamm der Pfortader (truncus venae portarum) bilden; dieser geht über den Lappen der Bauchspeicheldrüse (3. 4.) nach vorn, und führt das venöse Blut zur Leber.

Figur 3. Die Bauchhöhle, von oben gesehen.

Der Darmkanal und die Bauchspeicheldrüse sind entfernt worden.
1. Das obere Ende der Milz (äußere Fläche),
2. die innere Fläche derselben, an welcher das große Netz (10.) befestigt ist; durch

3. das Zwerchfell-Milzband (ligamentum phrenico-lienale) wird die Milz mit dem Zwerchfelle und der linken Niere verbunden. Der Magen liegt so, wie er während der Verdauung gefunden wird, indem er sich in der Querachse, von
4. dem linken zu
5. dem rechten Ende (Fig. 1. Tab. 14.) gedreht hat, so daß
6. die obere Fläche nach hinten (die untere nach vorn, die kleine Krümmung nach oben, die große nach unten) gerichtet ist.
7. Der Zwölffingerdarm (5. Fig. 2.) ist mit
8. dem mittleren Lappen der Bauchspeicheldrüse (lobus pancreatis medius) verbunden, welcher den kleinen Ausführungsgang enthält.
9. 9. Die Leber (Tab. 16. Fig. 4.) ist nur zum Theil sichtbar;
10. 10. das große Netz (omentum majus) ist ein Fortsatz der Bauchhaut, liegt bei dem Pferde zwischen den Windungen des Grimmdarmes, und bedeckt daher die untere Bauchwand (wie bei andern Thieren) nicht.
11. Die hintere Hohlvene (10. Fig. 1.) geht von der Wirbelsäule an der Leber herab, bis zum sehnigen Theile des Zwerchfelles,
12. die Pfortader (19. Fig. 2.) endigt in der Leber.

In der Beckenhöhle sind die Saamen-Organe und die Harnblase sichtbar, indem der oben liegende Mastdarm entfernt ist.

13. Der Grund der Harnblase (fundus vesicae urinariae) reicht über die Beckenhöhle hinaus;
14. 14. das linke und rechte Saamenbläschen (vesicula seminalis sinistra et dextra) dienen zur Aufbewahrung des männlichen Saamens;
15. das mittlere Saamenbläschen (vesic. semin. media) hat nur eine kleine Höhle und liegt zwischen
16. 16. dem linken und rechten Saamenleiter (vas deferens sinistrum et dextrum), welche den Saamen von den Hoden in die Harnröhre und in die Saamenbläschen leiten (der linke ist in der Zeichnung zu klein). Da wo diese Theile in die Harnröhre, welche hier erweitert ist, münden, liegt
17. die Vorsteherdrüse (prostata) und hinter ihr
18. 18. die linke und rechte Cowper'sche Drüse (glandula Cowperi sinistra et dextra), hinter welchen

19. die Harnröhre (urethra) wieder enger ist; mit ihr treten

20. 20. die fächrigen oder schwammigen Körper der Ruthe (corpora cavernosa penis), die an den Sitzbeinen entspringen, zusammen.

Tabula 19.

Figur 1. Die Harn- und Geschlechts-Werkzeuge (ohne die Hoden und Ruthe) des Hengstes, von oben gesehen.

Die männliche Ruthe ist Fig. 2. und die Hoden sind Tab. 20. dargestellt.

1. Die linke Niere (ren sinister) ist etwas abweichend in der Gestalt gegen

2. die rechte Niere (ren dexter), welche sich mehr der Herzform nähert. An jeder Niere ist eine obere (hier sichtbare) und eine untere Fläche, ein vorderes und hinteres Ende, und ein äußerer gewölbter, so wie ein innerer ausgeschnittener Rand, durch welchen die Blutgefäße und der Harnleiter ein- und austreten, zu unterscheiden. Ferner ist jede Niere von

3. der eigenen Haut (tunica propria) eingeschlossen, unter welcher

4. die Nierensubstanz (parenchyma renis) liegt. Am innern Rande der linken Niere liegt

5. die linke Nebenniere oder Nierendrüse (ren succenturiatus sinister s. glandula suprarenalis sinistra); am innern Rande der rechten Niere liegt

6. die rechte Nebenniere (ren succent. dexter s. gland. suprar. dextra), vergl. Fig. 6. und 7.

7. 7. Die beiden Harnleiter (ureteres) sind die Abführungskanäle des Urins von den Nieren; jeder tritt durch den Ausschnitt am innern Rande seiner Niere hervor, geht unter dem hintern Ende derselben nach hinten, und mündet am Halse der Harnblase (6. Fig. 2.). Ueber

8. der Harnblase (vesica urinaria), welche in den Grund,

Körper und Hals eingetheilt wird, liegen die Saamenbehälter, nämlich

9. das mittlere Saamenbläschen (vesicula seminalis media), welches nur bei dem Pferde vorhanden ist, eine kleine Höhle hat, zwischen die Saamenleiter (11. 11.) eingeschlossen ist, und nach vorn in einen faserigen Fortsatz übergeht;

10. 10. das linke und rechte Saamenbläschen (vesicula seminalis sinistra et dextra) liegen an den Seiten der Harnblase, sind größer, und dienen zur Aufbewahrung des, durch

11. 11. die beiden Saamenleiter (vasa deferentia s. ductus deferentes) aus den Hoden heraufgeführten, männlichen Saamens; diese sind gegen ihr Ende dick und schwammig, näher an den Hoden dünner.

12. Die Vorsteherdrüse (prostata) ist eine zusammengehäufte Drüse, hat zwei Seitenlappen und umfaßt den Anfang der Harnröhre, in welche sie die zur Befruchtung dienende Flüssigkeit (succus prostaticus) ergießt (12. Fig. 2.). Mehr nach hinten liegen an der Harnröhre

13. 13. die beiden Cowper'schen Drüsen (glandulae Cowperi), welche jener in Bau und Verrichtung gleichen, und die abgesonderte Flüssigkeit ebenfalls in

14. die Harnröhre (urethra) entleeren.

15. Die hintere Aorta,

16. die hintere Hohlvene,

17. 17. die linke und rechte Nierenarterie,

18. die linke Nierenvene,

19. 19. die inneren Saamenvenen,

20. 20. die inneren Saamenarterien,

21. 21. die umgebogenen Darmbeinarterien,

22. 22. die Schenkelarterien,

23. 23. die Beckenarterien,

24. 24. die Nabelarterien des Foetus, oder die runden Bänder der Harnblase bei dem erwachsenen Thiere;

25. 25. die Darmbeinvenen.

Figur 2. Männliche Geschlechtstheile (ohne die Hoden), von unten gesehen.

1. 1. Die runden Bänder der Harnblase (24. Fig. 1.), welche durch eine Verdoppelung der Bauchhaut mit der Harn=

blase verbunden sind; diese besteht aus drei Häuten, nämlich aus

2. der äußern Haut (tunica externa), welche eine Fortsetzung der Bauchhaut und hier zurückgeschlagen ist; aus
3. der Muskelhaut (tunica musculosa), deren Fasern in verschiedenen Richtungen verlaufen, und die bei der Entleerung des Harns sich zusammenziehen; und endlich aus
4. der Schleimhaut (tunica mucosa), welche die Höhle auskleidet und durch die Absonderung des Schleimes die nachtheilige Einwirkung des Harns mildert. Durch die schief eintretenden Harnleiter (7.7. Fig. 1.) wird

5—5. der dreieckige Körper (corpus trigonum) gebildet, an welchem

6. die Mündungen der Harnleiter (orificia ureterum) sichtbar sind.

7.7. Die Seitenlappen der Vorsteherdrüse (11. Fig. 1.).

8. Der Schnepfenkopf (caput gallinaginis) ist eine Wulst der Schleimhaut in der Harnröhre, wo mehrere Mündungen sind, nämlich

9. die Mündung des mittleren Saamenbläschens (9. Fig. 1.),
10. die — — linken Saamenleiters (11. das.),
11. die — — — Saamenbläschens (10. das.), welche von diesen den größten Durchmesser hat und am meisten nach außen liegt. Der größere Gang, wo 10. und 11. mündet, und der an der linken Seite aufgeschnitten, an der rechten unverletzt ist, heißt

11b. der Ausspritzungsgang des Saamens (ductus ejaculatorius spermatis), durch welchen bei der Begattung der männliche Saame aus dem Saamenleiter und dem Saamenbläschen in die Harnröhre ergossen wird, und außer der Begattung gelangt der Saame aus dem Saamenliter durch diesen Gang in das Saamenbläschen. An beiden Seiten des Schnepfenkopfes sind

12.12. die Mündungen der Ausführungsgänge von der Vorsteherdrüse, und weiter nach hinten

13.13. die von den Cowper'schen Drüsen (13. Fig. 1.). Die Harnröhre ist da, wo alle diese Gänge münden weit, nach hinten wird sie enger, und diese Stelle heißt

14. die Harnröhrenenge (isthmus urethrae). Von hier tritt sie aus dem Becken zwischen

15.15. den beiden schwammigen oder fächrigen Körpern der Ruthe (corpora spongiosa s. cavernosa penis) in die untere Rinne am

16.

16. Mittelstück oder Körper der Ruthe (pars media penis), verläuft in dieser als
17.17. Ruthenstück der Harnröhre bis an das vordere Ende der Ruthe und hat ihr
18. vorderes Ende vor der Eichel. Die schwammigen Körper der Ruthe (15. 15.) sind an den Sitzbeinen befestigt und von den Aufrichtern der Ruthe umgeben (7. Fig. 2. Tab. 12.); das Mittelstück und
19. die Eichel (glans penis) werden vom
20. Schlauche oder der Vorhaut (praeputium), welcher durch die Haut gebildet ist, bedeckt; sie treten nur beim Entleeren des Harns, und bei der Begattung aus demselben hervor.

Figur 3. Der vordere Theil der Ruthe, der Länge nach durchgeschnitten.

Das vordere Ende der Ruthe hat eine Spitze (die an der Figur aber nicht dünn genug ist), welche von der Eichel (4.) umgeben wird.
1. Eine dicke, feste, faserige Haut umgiebt
2. das fächrige oder schwammige Gewebe der Ruthe, und widersteht einer zu starken Anschwellung bei dem Steifwerden der Ruthe, wobei auch
3. der schwammige Körper der Harnröhre (corpus cavernosum urethrae) anschwillt. Dieser begleitet die Harnröhre nach vorn und bildet
4.4. die Eichel, die hier ebenfalls durchgeschnitten ist;
5. die Höhle der Harnröhre.

Figur 4. Die Eichel, in natürlicher Größe; von vorn gesehen.

1.1. Die vordere Fläche oder Scheibe der Eichel, die von einer Fortsetzung des Schlauches bekleidet ist;
2. die äußere Mündnng der Harnröhre (orificium urethrae externum).

Figur 5. Ein Querdurchschnitt der männlichen Ruthe.

1. Die äußere, faserige Haut giebt nach innen
2—2. runde Fortsätze, die in der Mitte eine unvollkommene Scheidewand bilden, und zwischen welchen
3. 3. das schwammige oder fächrige Gewebe liegt.

Figur 6. Die linke Nebenniere, in natürlicher Größe; von oben gesehen.

Sie hat ein vorderes und hinteres Ende, eine obere und untere Fläche, einen innern und äußern Rand, und eine
1. eigene Haut (tunica propria) umgiebt
2. die Substanz der Nebenniere (parenchyma glandulae suprarenalis).

Figur 7. Dieselbe der Länge nach durchgeschnitten.

Auf der Schnittfläche sieht man
1. 1. die äußere oder Rindensubstanz (substantia externa s. corticalis) und
2. 2. die innere oder Marksubstanz (subst. interna s. medullaris); fast in der Mitte bleibt eine kleine Höhle, die bei dem Fötus eine röthliche Flüssigkeit enthält. Ueber die Verrichtung der Nebennieren ist nichts bekannt.

Tabula 20.

Figur 1. Die weiblichen Geschlechtstheile, von oben gesehen.

Die weiblichen Geschlechtstheile werden in die Bildungs- und Begattungstheile eingetheilt; zu den ersteren gehört die Gebärmutter, oder Tragesack (uterus), welche in
1. 1. die Hörner (cornua uteri) und in den
2. Körper (corpus uteri) zerfällt. Sie besteht aus drei Häuten, nämlich aus

3. der äußern, serösen Haut (tunica externa), welche an einer Stelle hier zurückgeschlagen ist, dann aus
4. der mittleren, faserigen Haut (tunica fibrosa), welche die Zusammenziehungen oder Wehen beim Gebären bewirkt; und endlich aus der Schleimhaut (2. Fig. 2.). Von den äußern Enden der Hörner der Gebärmutter gehen
5. 5. die Muttertrompeten oder Fallopiani'schen Trompeten (tubae Fallopianae) ab, welche enge, geschlängelte Gänge sind, und an den äußern Enden
6. 6. die Fransen (fimbriae tubarum) haben, in deren Mitte
7. 7. die äußere Mündung der Trompete (orificium externum) ist. Bei der Begattung umfassen die Fransen (5. 6.)
8. 8. die Eierstöcke (ovaria), in welchen die Eierchen oder Keime der künftigen Thiere enthalten sind, und wenn sie fruchtbar ist, so wird das aus dem Eierstock hervorgetretene Ei'chen von der äußern Mündung der Trompete (7.) aufgenommen und in die Gebärmutter geführt, wo es zunimmt und bis zur vollkommenen Reife bleibt. Jeder Eierstock wird mit seinem Gebärmutterhorn durch
9. 9. das Eierstocksband (ligamentum ovarii) verbunden, und durch
10. 10. die breiten Mutterbänder (ligamenta uteri lata), welche aus zwei Platten der Bauchhaut bestehen, zwischen denen die Gefäße und Nerven der Gebärmutter liegen, wird die ganze Gebärmutter mit dem Rumpfe verbunden. Die runden Mutterbänder s. Tab. 17. Fig. 4.
11. Die Scheide (vagina) ist der nach außen führende Gang der Gebärmutter, in welchen die männliche Ruthe bei der Begattung eindringt, und durch welchen die reife Frucht herauskommt.
12. Die, von den breiten Mutterbändern bedeckte, Harnblase;
13. das hintere Ende des Mastdarmes mit
14. dem After. Unter dem After liegt die Schaam oder der Wurf (vulva), welche aus
15. 15. den beiden Schaamlefzen oder Schaamlippen (labia vulvae) und aus
16. der Schaamspalte (rima vulvae) besteht. Der Raum zwischen Schaam und After heißt der Damm oder das Mittelfliisch (perinaeum).

Figur 2. Dieselben Theile, ohne Eierstöcke, Muttertrompeten, und ohne Mutterbänder; von oben geöffnet.

1. Die innere Mündung der Muttertrompete (orificium internum tubae Fallopianae) bildet ein Wärzchen, durch sie gelangt das Ei'chen in
2. die Höhle der Gebärmutter (cavitas uteri), welche durch eine faltige Schleimhaut ausgekleidet ist.
3. Die Oeffnung zum linken Horne;
4. der (äußere) Muttermund (orificium uteri externum) ist die zur Scheide führende Oeffnung der Gebärmutter, welche von dem faltigen Mutterhalse (collum s. cervix uteri) gebildet wird.

5. 5. Die Scheide (11. Fig. 1.) ist auch mit einer Schleimhaut ausgekleidet, welche Längenfalten hat, und gegen die Mitte ihrer Länge auch eine Querfalte, welche

6. die Scheidenklappe (valvula vaginae s. hymen) genannt wird, und welche
7. die Mündung der Harnröhre (orificium urethrae), die bei weiblichen Thieren sehr kurz ist, von dem vorderen Theile der Scheide abscheidet, damit der Harn nicht in die Gebärmutter fließe.
8. Die Harnblase zur Seite gelegt;
9. der Kitzler oder die weibliche Ruthe (clitoris s. penis muliebris) liegt mit der hier sichtbaren Eichel (glans clitoridis) im untern Winkel der Schaam, und ist das Wollustorgan des weiblichen Thieres;

10. 10. die Schaamlefzen (15. Fig. 1.).

Figur 3. Ein Eierstock der Stute, in natürlicher Größe; der Länge nach durchgeschnitten.

Auf den Schnittflächen bemerkt man

1. 1. die Substanz des Eierstockes (parenchyma ovarii), welche gelblich und fest ist, und

2—2. die Graaf'schen Eierchen oder Bläschen (ovula Graafiana) enthält; diese Bläschen sind mit einer gelben Flüssigkeit angefüllt, in welcher das eigentliche Ei oder der Keim, als ein sehr kleines, weißes Körperchen, enthalten ist.

3. 3. Die äußere, fibröse Haut (tunica externa fibrosa) umgiebt den ganzen Eierstock.

Figur 4. Der linke Hode, von unten gesehen.

Die den Hoden umhüllenden Scheidenhäute sind aufgeschnitten und zur Seite gelegt, nämlich

1. die gemeinschaftliche Scheidenhaut (tunica vaginalis testis communis), eine feste, faserige Haut, die sehr innig mit
2. der besondern Scheidenhaut (tunica vaginalis testis propria) verbunden ist; diese ist eine seröse Haut, eine Fortsetzung der Bauchhaut, und bildet
3.3. die Scheidenhaut des Saamenstranges (tunica vaginalis funiculi spermatici), welche die Gefäße und den Hoden selbst überzieht.
4. Der Hode (testiculus s. testis),
5. der Schwanz des Nebenhodens (cauda epididymidis) vergl. Tab. 21. Fig. 6—8. Von diesem ist
6.6. der Saamenleiter (vas deferens) eine Fortsetzung, die zur Harnröhre hinführt (11. Fig. 1. Tab. 19.).
7.7. Die unter einander verschlungenen, und in die Scheidenhaut des Saamenstranges eingeschlossenen Blutgefäße.

Figur 5. Der rechte Hode, von oben gesehen.

Die Scheidenhäute sind auch aufgeschnitten, und zur Seite gelegt.

1.1. Die besondere Scheidenhaut des Hodens,
2.2. die Scheidenhaut des Saamenstranges,
3.3. die Blutgefäße,
4. der Kopf des Nebenhodens (caput epididymidis) welcher durch den Körper in
5. den Schwanz übergeht;
6. der Hode,
7. das Nebenhodenband (ligamentum epididymidis) verbindet Hoden und Nebenhoden der ganzen Länge nach.

Tabula 21.

Figur 1. Die rechte Niere, von unten gesehen.

Die eigene Haut der Niere, und ein Theil der Nieren substanz sind hinweggenommen, um

1. das Nierenbecken (pelvis renalis) zu sehen. Es ist ein Behälter, welcher den Urin aus dem Nierenwärzchen (1. Fig. 2.) empfängt, und aus einer Fortsetzung der Schleimhaut
3. des Harnleiters besteht, die mit
2—2. mehreren nicht hohlen Fortsätzen in die Substanz der Niere eindringt.

Figur 2. Die linke Niere, in natürlicher Größe.

Die Niere ist wie bei Fig. 1. vorbereitet, und das Nierenbecken geöffnet, wodurch
1—1. das Nierenwärzchen (papilla renalis) sichtbar wird. Dieses besteht aus den Enden aller Bellini'schen Röhrchen (Fig. 4. 5.), durch welche der Urin in
2. das Nierenbecken (welches aufgeschnitten ist) ergossen wird.

Figur 3. Die rechte Niere, in natürlicher Größe.

Sie ist wagerecht aufgeschnitten, und die beiden Hälften sind aus einander gelegt, so daß man die beiden Schnittflächen sieht, und an ihnen zwei Substanzen, nämlich äußerlich
1—1. die Rinden- oder Drüsensubstanz (substantia corticalis s. glandulosa), welche auch nach innen dringt, und viele kleine, dem unbewaffneten Auge als kleine, rothe Punkte erscheinende, runde Körperchen enthält, die man Klümpchen (glomeruli) oder Malpighi'sche Körperchen (corpuscula Malpighiana) (vergl. Tab. 38. Fig. 8.) nennt, von welchen die Harngefäßchen
2.2. der Röhren- oder Marksubstanz (substantia tubulosa s. medullaris) ausgehen. Diese Röhren- oder Marksubstanz besteht aus vielen kleinen Harngefäßen, die anfangs geschlängelt, dann aber grade verlaufen, sich immer zwei und zwei verbinden (Fig. 4. 5.), und in
3. dem Nierenwärzchen (1. Fig. 2.) endigen.
4.4. Die Blutgefäße der Niere vertheilen sich in beiden Substanzen, und bilden dadurch mehrere Läppchen (lobuli renales s. renculi), die bei dem Pferde am wenigsten deutlich, bestimmter bei dem Schafe und Hunde hervor-

treten, und die das ganze Leben hindurch bei dem Rinde getrennt sind.

5. Die Höhle des Nierenbeckens, von welchem
6. der Harnleiter den Urin aufnimmt.

Figur 4. Das Nierenwärzchen, doppelt vergrößert.

Es besteht aus den Harnröhrchen oder Bellini'schen Röhrchen (tubuli uriniferi s. Belliniani), die in der Rindensubstanz entspringen, wo sie geschlängelt sind, hier aber grade verlaufen, und sich immer zwei und zwei verbinden, so daß ihre Zahl kleiner, der Durchmesser aber, gegen das freie Ende des Nierenwärzchens, wo sie in einer gemeinschaftlichen Spalte münden, größer wird.

Figur 5. Zwei Harnröhrchen mit ihren Verzweigungen, viermal vergrößert.

1.1. Die Harnröhrchen oder Bellini'schen Röhrchen, mit ihren
2.2. Mündungen.

Da ihre Zahl gegen die Rindensubstanz hin ungleich größer ist, als am freien Ende des Nierenwärzchens, so bilden sie liegende Pyramiden (pyramides renales Ferreinii), welche durch die dazwischen tretende Rindensubstanz getrennt werden.

Figur 6. Ein Hode und Nebenhode, in natürlicher Größe.

Am Nebenhoden ist die weiße Haut aufgeschnitten und die Windungen sind freigelegt.

1. Der Hode ist von zwei Häuten eng eingeschlossen, nämlich von der Fortsetzung der Scheidenhaut des Saamenstranges, und unter dieser, von der weißen Haut (tunica albuginea testis), welche eine feste, fibröse Haut ist.

2.2. Die weiße Haut des Nebenhodens (tunica albuginea epididymidis) ist eine feste, fibröse Haut, welche die Substanz eng umschließt und dem Organe die bestimmte Gestalt erhält. Der ganze Nebenhode besteht aus unzähligen Gefäßwindungen, die so zusammen liegen, daß parallele Läppchen daraus entstehen und wird eingetheilt, in

3. den Kopf (caput epididym.), welcher im Hoden entspringt (3. Fig. 7.), in
4. den Körper (corpus epididym.), welcher gabelig anfängt, aus parallelen Läppchen besteht und in
5. den Schwanz des Nebenhodens (cauda epididym.) übergeht, an welchem das geschlängelte Gefäß einen größeren Durchmesser hat, eine kuglige Masse bildet und zuletzt in
6. den Saamenleiter (vas deferens) übergeht.

Figur 7. Ein Hode, in natürlicher Größe; der Länge nach durchgeschnitten.

1. Die ausführenden Gefäße (vasa efferentia) kommen aus der Substanz des Hodens (4.), bilden außerhalb derselben

2,2. die kegelförmigen Windungen (coni vasculosi), und setzen überhaupt

3,3. den Kopf des Nebenhodens (3. Fig. 6.) zusammen.

4,4. Die Substanz des Hodens (parenchyma testis) besteht aus vielen Läppchen; die aus den geschlängelten Saamenröhrchen (2. Fig. 8.) gebildet sind, und sondert den männlichen Saamen ab. Dieser geht dann durch die ausführenden Gefäße (1.) in die unendlichen Schlängelungen des Nebenhodens (3—5. Fig. 6.), und gelangt endlich durch den Saamenleiter in die Harnröhre, oder in das Saamenbläschen. Zur Unterstützung der weichen Hodensubstanz dient

5—5. der Highmore'sche Körper (corpus Highmori), welcher eine Fortsetzung

6,6. der weißen Haut des Hodens (tunica albuginea testis) ist, und welcher mit einzelnen fibrösen Fäden die Substanz durchzieht.

7,7. Die abgelöste weiße Haut des Nebenhodens.

Figur 8. Ein Stück der Hodensubstanz, vergrößert.

1—1. Die Läppchen der Hodensubstanz (lobuli parenchymatis testis), welche aus

2—2. den Saamenröhrchen oder geschlängelten Gefäßchen (canaliculi seminales s. vasa serpentina) bestehen, in welchen der männliche Saame aus Blut bereitet wird.

Figur 9. Das Euter oder die Brüste (mammae) der Stute, in natürlicher Größe; von unten gesehen.

1—1. Die Milchdrüsen (mammae) sind zwei zusammengehäufte Drüsen (glandulae conglomeratae), welche aus einzelnen Körnern (acini) bestehen; sie werden in der Mitte durch eine fibröse Haut, und an der untern Fläche durch die allgemeine Haut (5.) verbunden. Jede Milchdrüse hat

2.2. eine Zitze oder Brustwarze (papilla mammae), welche

3. zwei Ausführungsgänge (ductus lactiferi) enthält. Jeder Ausführungsgang entspringt in

4. dem Milchbehälter (sinus mammae), welcher an der rechten Zitze aufgeschnitten ist, und in welchem sich die Milch ansammelt.

5. Die Haut (cutis), welche die Euter von unten bekleidet, ist runzelig, fein, und fast haarlos.

Tabula 22.

Figur 1. Die trächtige Gebärmutter der Stute, von unten geöffnet.

1—1. Die Gebärmutter, deren Wände während des Trächtigseyns dicker werden,

2.2. die breiten Mutterbänder,

3.3. die runden Mutterbänder,

4. die Harnblase.

Der aus dem Eierstocke durch die Muttertrompete in die Höhle der Gebärmutter gelangte Keim oder das Ei (ovulum), entwickelt sich in derselben, und besteht dann aus mehreren Häuten, von denen eine die andere einschließt, und aus der Frucht. Die äußerste von den Eihäuten (velamenta ovi) ist

6—6. die Lederhaut (chorion), die an ihrer ganzen äußeren Fläche von

5.5. dem Mutterkuchen (placenta), welcher bei der Stute dünn, häutig ist, und daher Mutterhaut genannt wird, umgeben wird. Er besteht aus Blutgefäßen und ist das Organ, welches die Frucht mit der Mutter verbindet. Die zweite Eihaut, nämlich die Harnhaut (allantois) ist an der Figur nicht dargestellt, sie umschließt die dritte und innerste, nämlich

7.7. die Schafhaut (amnion), welche das Schafwasser (liquor amnii) absondert, und in welchem

8. die Frucht (foetus s. embryo) liegt. Die gekrümmte Lage derselben wird später eine mehr grade, so daß der Kopf in der Nähe des Muttermundes, das Hintertheil im Körper oder in einem Horne der Gebärmutter liegt, wobei der Bauch der Frucht dem Bauche der Mutter zugekehrt ist.

9. Die Nabelschnur oder der Nabelstrang (funiculus umbilicalis) besteht aus Gefäßen, welche die Frucht mit den Eihäuten und mit dem Mutterkuchen verbinden.

Figur 2. Die Eihäute und die dreizehnwöchentliche Frucht, in natürlicher Größe.

1.1. Die Lederhaut (6. Fig. 1.) ist aufgeschnitten, und in Falten gelegt; zwischen ihr und der Harnhaut liegt

2.2. das Nabelbläschen (vesicula umbilicalis s. tunica erythroides); es ist ein eiförmiger Behälter, der wahrscheinlich zur Umänderung des Blutes dient, ehe der Mutterkuchen gebildet ist; später verschwindet es ganz.

3. Die Harnhaut ist mit der äußern Fläche

4.4. der Schafhaut verbunden (7. Fig. 1.), und hat daher ganz die Gestalt, wie diese;

5. die Nabelschnur (9. das.),

6. die Frucht, an der die äußern Theile schon alle gebildet sind;

7. die Mündung der Harnschnur, wo sie in die Harnhaut übergeht.

Tabula 23.

Figur 1. Ein ungefähr 7 Wochen alter weiblicher Fötus, in natürlicher Größe; von der rechten Seite gesehen.

Die äußern Organe sind alle schon bestimmt angedeutet, die hintern Gliedmaaßen gegen die vorderen noch sehr kurz.

Figur 2. Derselbe Fötus, von unten gesehen.

1. Der After,
2. die Schaam,
3. der Kitzler.

Figur 3. Weiblicher Fötus, ungefähr 9 Wochen alt, in natürlicher Größe von der rechten Seite dargestellt.

Die hinteren Gliedmaaßen treten schon in ein besseres Verhältniß zu den vorderen.

Figur 4. Ein weiblicher, ungefähr 13 Wochen alter Fötus, in natürlicher Größe; von der rechten Seite gesehen.

Figur 5. Derselbe Fötus, von unten gesehen.

Die Bauchhöhle ist geöffnet, und der Darmkanal an beiden Seiten herausgelegt.

1. Die Leber, noch sehr groß, nimmt die ganze hintere Fläche des Zwerchfelles ein;
2. der Magen ist dagegen noch sehr klein,

3. der Zwölffinger-
4. 4. der Leer-
5. der Hüft-

} Darm sind noch kurz, aber im Verhältniß zum dicken Darme ziemlich weit;

6. das Gekröse des Dünndarmes.
7. Der Blinddarm ist an der Spitze so weit, wie am Grunde,

8. die obere und untere Lage des Grimmdarmes sind noch zu kurz, um die Windungen, wie bei dem neugebornen und erwachsenrn Thiere, in der Bauchhöhle zu machen;
9. der Mastdarm.
10. Der linke Eierstock, er ist schon sehr groß;
11.11. die Hörner der Gebärmutter sind noch tief gespalten, daher ist der Körper kurz;
12. die Harnblase ist länger, als breit, und reicht bis zum Nabel, wo sie in die Harnschnur übergeht,
13. die Nabel=Gekrösvene (vena omphalo-mesaraica) führt das Blut aus dem Nabelbläschen (2. Fig. 2. Tab. 22.) in die Pfortader,
14. die Nabel=Gekrösarterie (arteria omphalo-mesaraica) ist hier, wie bei den andern Thieren einfach, nur bei der Katze ist sie doppelt; sie führt das Blut vom Fötus zum Nabelbläschen.
15. Die Nabelschnur.

Figur 6. Ein männlicher, ungefähr 17 Wochen alter Fötus, in natürlicher Größe von der rechten Seite dargestellt.

Der Fötus ist noch haarlos, die äußern Ohren sind noch sehr klein, die Augenlieder noch vereinigt, die äußern Geschlechtstheile schon mehr entwickelt.

Figur 7. Derselbe Fötus, von unten gesehen.

Die Bauchhöhle ist geöffnet, der Darmkanal an beiden Seiten herausgelegt.

1.1. Die Leber in ihrer vollen Größe sichtbar,
2—8. wie 2—9. bei Fig. 5.
9.9. Die beiden Hoden und Nebenhoden sind groß, liegen hinter den Nieren und treten erst kurz vor der Geburt oder nach derselben in den Hodensack herab; sie haben einen Ueberzug von der Bauchhaut, und die Scheidenhaut des Saamenstranges ist gebildet, die besondere und gemeinschaftliche Scheidenhaut des Hodens entstehen erst bei dem Heraustreten in den Hodensack.
10. Die beiden Saamenleiter sind noch sehr kurz,
11.11. die Hunter'schen Leitbänder (gubernacula Hunteri) sind runde Stränge, die von den Hoden, durch die

Bauchringe, in den Hodensack gehen, und wahrscheinlich bei dem Herabsteigen der Hoden in den Hodensack thätig sind.
12. Die Harnblase,
13. die Nabel-Gekrösvene,
14. die Nabel-Gekrösarterie,
15. die Nabelschnur,
16. die Vorhaut oder der Schlauch.

Tabula 24.

Figur 1. Ein weiblicher, 157 Tage alter Fötus, auf den vierten Theil verjüngt; von der rechten Seite dargestellt.

Der ganze Körper ist noch kahl, nur
1. 1. an den Lippen zeigen sich die ersten Spuren von Haaren.

Figur 2. Derselbe Fötus, von unten gesehen.

Die Bauchhöhle ist geöffnet und der Darmkanal an beiden Seiten herausgelegt.
1. 1. Die Leber, immer noch sehr groß,
2. der Magen,
3. der Zwölffingerdarm,
4 a. 4 a. der Leerdarm,
4. das Dünndarmgekröse,
5. der Hüftdarm,
6. Der Blinddarm,
7. 7. die obere und untere Lage des Grimmdarmes,
8. der Mastdarm. Der ganze Darm ist fast noch in demselben Verhältniß, wie bei Fig. 7. Tab. 23.,
9. Die Eierstöcke sind sehr groß, und
10. die Gebärmutter ist (gegen 11. Fig. 5. Tab. 23.) darin verändert, daß ihr Körper länger geworden ist, die Hörner also im Verhältniß kürzer sind;
11. die Harnblase,
12. die Euter,
13. der Kitzler ist nicht mehr so lang,
14. die Schaam.

Figur 3. Ein weiblicher, 176 Tage alter Fötus um die Hälfte verkleinert; von der rechten Seite dargestellt.

An den Lippen, den Augenliedern und an der Schwanzspitze zeigen sich schon Haare.

Tabula 25.

Figur 1. Der Brustkasten, von der linken Seite geöffnet.

1.1. Die Luftröhre (trachea s. arteria aspera) fängt am Kehlkopfe an, und endigt in den Lungen (Fig. 2 u. 4.);
2.2. der Schlund liegt anfangs über der Luftröhre, tritt dann zwischen ihr und der Aorta herab, und erreicht, frei schwebend, das Zwerchfell, welches er durchbohrt um in den Magen überzugehen.
3. die äußere, gewölbte Fläche der linken Lunge (pulmo sinister), welche ihre Hälfte der Brusthöhle ganz ausfüllt, wenn sie mit Luft angefüllt ist; ihr vorderer Lappen bedeckt zum Theil
4. den Herzbeutel (pericardium), der oben an die großen Gefäße, unten an das Brustbein und die Rippenknorpel der linken Seite so befestigt ist, daß er vorn nur mit einem scharfen Rande, hinten mit einer Fläche aufsitzt.
5. Der Stamm der linken Achselarterie oder die linke Schlüsselbeinarterie (arteria subclavia sinistra hom.) theilt sich in folgende Aeste, nämlich in
6. den Stamm der vorderen Zwischenrippenarterien (truncus arteriarum intercostalium),
7. die tiefe Nackenarterie (art. cervicalis profunda),
7b. die Halswirbelarterie (art. vertebralis),
8. die untere Halsarterie (art. cervicalis adscendens),
9. die Achselarterie (art. axillaris),
10. die äußere Brustarterie (art. thoracica externa), und in
11. die innere Brustarterie (art. mammaria interna).

12. Der Stamm der Drossel- oder Kopfarterien (truncus carotidum) entspringt aus dem Stamme der rechten Achselarterie.
13. Die vordere Hohlvene (vena cava anterior s. superior hom.) nimmt folgende Venen auf:
14. einen Venenstamm, welcher aus
14a. dem Stamme der vorderen Zwischenrippenvenen (truncus venarum intercostalium anteriorum) und aus
14b. der tiefen Nackenvene (vena cervicalis profunda) gebildet ist; ferner
15. die Halswirbelvene (vena vertebralis),
16. die linke Achselvene (v. axillaris sinistra) und
17. die linke Drosselvene (v. jugularis sinistra).
18. Die hintere Aorta (Aorta posterior s. descendens hom.) liegt zwischen den beiden Mittelfellen, von welchen
19. das linke Mittelfell (mediastinum sinistrum) hier sichtbar; es ist die innere Wand des linken Sackes der Brusthaut (pleura), welche die Hälfte der Brusthöhle auskleidet, die Lunge überzieht und durch Verdoppelung
20. das Lungenband (ligamentum pulmonis) bildet, welches die Lunge mit
21. der vordern Fläche des Zwerchfelles verbindet.
22.22. Der große sympathische Nerve (nervus sympathicus).

Figur 2. Der Kehlkopf und der obere Theil der Luftröhre, von hinten und oben geöffnet.

1. Der Kehldeckel,
2.2. die inneren Flächen der Gießkannenknorpel, welche, so wie der ganze Kehlkopf und die Luftröhre, mit einer Schleimhaut bekleidet sind.
3.3. Die oberen Schild-Gießkannenbänder oder Taschenbänder (ligamenta thyreo-arytaenoidea superiora) und
4.4. die unteren Schild-Gießkannenbänder oder Stimmritzenbänder (ligamenta thyreo-arytaenoidea inferiora) liegen etwas von einander entfernt nnd haben
5.5. die Morgagni'schen oder Kehlkopftaschen (ventriculi laryngis s. Morgagnii) zwischen sich. Die beiden unteren Schild-Gießkannenbänder sind durch

6. eine Querfalte der Schleimhaut verbunden. An der äu-
7. ßern Fläche der Luftröhrenschleimhaut liegen
8. Längenfasern (fibrae longitudinales) und Querfasern (fibrae transversae). Die Luftröhre besteht aus knorpligen Ringen, die aber hinten und oben nicht geschlossen, sondern mit ihren Enden über einander geschoben sind; sie führt die Luft zu und von den Lungen.

Figur 3. Die Schilddrüsen und ein Theil der Luftröhre, in natürlicher Größe; von unten gesehen.

1. Luftröhrenringe,
2.2. die Schilddrüsen (glandulae thyreoideae), deren Verrichtung nicht bekannt ist, sind durch
3. einen schmalen Fortsatz verbunden.

Figur 4. Die Lungen, von oben gesehen.

A. Die linke Lunge (pulmo sinister) ist etwas kleiner, als
B. die rechte Lunge (pulmo dexter).
1. Der hintere Theil der Luftröhre, welcher an der obern Fläche
2.2. Knorpelplatten hat, durch welche die Enden der Ringe bedeckt werden. Die Luftröhre theilt sich in
3. den rechten und
4. den linken Luftröhrenast (bronchus dexter et sinister), von welchen sich jeder in einer Lunge so vielfach verzweigt, daß die letzten Enden kleine Kanäle ohne Knorpel sind, die als Lungenzellen endigen. An dem linken, der Länge nach aufgeschnittenen Äste sieht man
5.5. die Mündungen der Zweige. An jeder Lunge wird unterschieden:
6. eine äußere (und eine innere) Fläche (superficies externa),
7. der obere und
8. der untere Rand (margo superior et inferior),
9. der vordere Lappen (lobus anterior),
10. der hintere Lappen (lobus posterior), und die rechte Lunge hat noch
11. einen mittleren Lappen (lobus medius).

12. Ein Stamm der Lungenvenen,
13. die hintere Aorta.

Die Lungen dienen zur Umänderung des dunkelrothen Blutes in hellrothes, und zugleich zur Umwandlung des Speisesaftes in Blut.

Tabula 26.

Figur 1. Das Herz mit dem Herzbeutel, von der linken Seite gesehen.

1. 1. Der Herzbeutel (pericardium) ist aufgeschnitten und an beiden Seiten zurückgeschlagen,
2. die Seitenwand der vorderen oder rechten Kammer (paries lateralis ventriculi anterioris s. dextri) ist durch die linke und rechte Längenfurche von
3. der Seitenwand der hintern oder linken Kammer (paries later. ventriculi posterioris s. sinistri) geschieden. Ueber den Kammern liegen
4. das rechte oder vordere Herzohr (auricula cordis dextra s. anterior) und
5. das linke oder hintere Herzohr (auricula cordis sinistra s. posterior), welche Anhänge der Vorkammern (2. 3. Fig. 3.) sind.
6. Die Spitze des Herzens (apex cordis) liegt nach unten, und klopft bei der Bewegung an die Rippen; am Grunde (basis) entspringen
7. die Lungenarterie (arteria pulmonalis) und
8. der Stamm oder Bogen der Aorta (truncus s. arcus Aortae), welcher sich in

8a. die vordere und

9. die hintere Aorta (Aorta anterior et posterior) theilt. Diese wird mit der Lungenarterie durch
10. den Botalli'schen Gang (ductus arteriosus Botallii) verbunden, der bei dem Fötus Blut führt, hier aber nur ein Band ist. In der linken Längenfurche des Herzens verläuft
11. die linke Kranzarterie (art. coronaria cordis sinistra) und

12. die linke Kranzvene oder die große Vene des Herzens (vena cornaria sinistra s. magna cordis).

Figur 2. Der Grund des Herzens, von der linken Seite gesehen.

Die rechte Herzkammer und die Lungenarterie an ihrem Ursprunge sind aufgeschnitten.

1. Der Stamm der Aorta (8. Fig. 1.),
2. die Lungenarterie (7. das.) hat bei ihrem Ursprunge aus dem Herzen

3—3. drei halbmondförmige Klappen (valvulae semilunares), welche durch Verdoppelung der innern Haut gebildet sind, und den Rücktritt des Blutes aus der Lungenarterie in die Kammer verhindern. In der Mitte des freien Randes jeder Klappe ist

4. das Aranti'sche oder Morgagni'sche Knötchen (nodulus Arantii s. Morgagnii), welches an den Klappen der Aorta deutlicher ist.

Figur 3. Das Herz mit dem Herzbeutel, von der rechten Seite gesehen.

1. 1. Der Herzbeutel (1. Fig. 1.),
2. die Seitenwand der rechten oder vordern Vorkammer, oder des Vorhofes (paries lateralis atrii cordis dextri s. anterioris),
3. die Seitenwand der linken oder hintern Vorkammer (paries lat. atrii sinistri s. posterioris); beide Vorkammern liegen über den Kammern, von welchen sie durch die Kranzfurche getrennt sind.
4. Die Seitenwand der rechten oder vorderen Kammer (2. Fig. 1.),
5. dieselbe der linken oder hinteren Kammer (3. das.); in die rechte Vorkammer ergießen sich
6. die vordere und
7. die hintere Hohlvene (vena cava anterior et posterior s. superior et inferior hom.), welche das Blut vom Körper zum Herzen zurückführen; in der linken Vorkammer münden

8. 8. die Lungenvenen (venae pulmonales). In der Kranzfurche verläuft, von der linken Seite kommend

9. die große oder rechte Kranzvene (12. Fig. 1.), und in der Längenfurche
10. die mittlere oder rechte Kranzvene (vena media cordis s. coronaria dextra) und beide münden in der rechten Vorkammer;
11. 11. die rechte Kranzarterie (arteria coronaria cordis dextra) kommt von der linken Seite und verläuft in der rechten Längenfurche.

Figur 4. Darstellung der Muskelfasern am Herzen.

Die äußere Haut des Herzens, eine Fortsetzung vom Herzbeutel, ist entfernt worden, und man sieht
1—1. die oberflächlichen Fasern, die in verschiedenen Richtungen liegen, und
2. die tiefer liegenden Muskelfasern. Durch diese, in mehreren Richtungen liegenden Muskelfasern wird das Herz von allen Seiten gleichmäßig zusammengezogen, und die Höhlen werden kleiner, folglich wird das Blut herausgetrieben.

Figur 5. Ansicht der linken oder hinteren Kammer und Vorkammer im Herzen.

Die Seitenwand der Kammer und Vorkammer ist der Länge nach durchgeschnitten.
1. Die Scheidewand der Vorkammern (septum atriorum) ist viel dünner, als die der Kammern;
2—2. die Mündungen der Lungenvenen (orificia venarum pulmonalium), durch welche das hellrothe Blut in die Vorkammer einströmt,
3. die Höhle des linken Herzohres hat netzähnlich verbundene Fleischbündel, die man Muskelbalken (trabeculae carneae) nennt.
4. Die Scheidewand der Kammern (septum ventriculorum) ist dick, fleischig und ausgehöhlt,
5. 5. die Schnittflächen der dicken Seitenwand,
6. 6. die Warzen- oder Zitzenmuskeln (musculi papillati) sind runde Muskelmassen, mit welchen die sehnigen Fäden der Klappenzipfel verbunden sind, und welche dieselben anspannen.
7. 7. Muskelbalken in der Kammer; an der Grenze der Kammer und Vorkammer liegt

8—8. die mützenförmige Klappe (valvula mitralis), sie hat drei Zipfel, welche mittelst

9.9. der sehnigen Fäden (fibrae tendineae) an die Warzenmuskeln befestigt sind, und welche, wenn sie angespannt sind, den Rücktritt des Blutes aus der Kammer in die Vorkammer verhindern. Hinter dem mittleren Zipfel ist

10. die Oeffnung zur Aorta (ostium arteriosum), durch welche das aus der Vorkammer in die Kammer gelangte hellrothe Blut ausgetrieben wird.

Figur 6. Ansicht der rechten oder vordern Vorkammer und Kammer im Herzen.

1. Die Scheidewand der Vorkammern (1. Fig. 5.) enthält in der Mitte
2. den Herzknorpel (cartilago cordis), welcher freigelegt ist nnd bei alten Pferden bisweilen verknöchert;
3. die Höhle des rechten Herzohres,
4. die Mündung der vordern Hohlvene (ostium venae cavae anterioris),
5. die Mündung der hintern Hohlvene (ostium venae cavae posterioris); durch beide fließt das dunkelrothe Blut in die Vorkammer,
6. die Mündung der großen Kranzvene (ostium venae coronariae cordis), vor welcher
7. die Thebesius'sche Klappe (valvula Thebesii) liegt.
8. Die Scheidewand der Kammern (4. Fig. 5.) ist hier gewölbt, daher ist auch die Kammer mehr breit, als lang, und reicht nicht bis zur Spitze des Herzens;

9.9. die Schnittfläche der Seitenwand, welche schwächer ist, als an der linken Kammer;

10—10. drei Warzenmuskeln (6. Fig. 5.),

11—11. Muskelbalken,

12—12. die dreizipflige oder dreispitzige Klappe (valvula tricuspis) mit ihren

13.13. sehnigen Fäden;

14. die Oeffnung zur Lungenarterie (ostium arteriosum) liegt hinter dem vordern Zipfel der Klappe, und durch sie wird das in die Kammer aufgenommene dunkelrothe Blut ausgestoßen;

15.15. die durchgeschnittene rechte Kranzarterie des Herzens.

Tabula 27.

Figur 1. Die Arterien am Kopfe und Halse, von der rechten Seite gesehen.

1. 1. Die Drossel- oder Kopfarterie (arteria Carotis) geht zwischen der Luftröhre und dem Halse nach oben, und führt dem Kopfe das Blut zu; sie giebt bis zum Kopfe ab:

2—2. Muskelzweige (rami musculares) für den gemeinschaftlichen Muskel des Kopfes, Halses und Armes (b. b.), für den (hier quer durchgeschnittenen) Schulter-Zungenbeinmuskel (c. c.), den Brust-Kinnbackenmuskel (d. d.) und für die Brust Schild- und Zungenbeinmuskeln (e. e.);

3 Luftröhrenzweige (rami tracheales), die sich in der Schleimhaut und den Knorpeln der Luftröhre (f.) verzweigen;

4. die obere Schilddrüsenarterie (art. thyreoidea superior), welche für die Schilddrüse (g.), für die Lymphdrüsen (h.) und für den Kehlkopf bestimmt ist. Hierauf tritt die Drosselarterie unter die Ohrspeicheldrüse (i. i.), und theilt sich in drei Aeste (9. 10. 15. Fig. 1. Tab. 28.), von welchen der stärkste, nämlich die äußere Kopfarterie (15. das.) die äußeren Theile des Kopfes mit Blut versieht. Sie theilt sich in die äußere und innere Kinnbackenarterie (24 a. 17. das.), und von der Letzten sind hier sichtbar:

5. 5. die äußere Kaumuskelarterie (art. masseterica), welche sich in dem äußern Kaumuskel (u.) verzweigt;

6. die große Ohrarterie (art. auricularis magna s. posterior hom.), die sich in

7. die vordere Ohrarterie (art. auricularis anterior), in

8. die hintere — (art. — posterior) und in die untere Ohrarterie theilt (die aber hier nicht sichtbar ist), welche in der Ohrspeicheldrüse aufsteigen, sie, den kurzen und langen Auswärtszieher (r.), den langen Aufheber (l.), den Niederzieher (m.), welcher abgeschnitten ist, und die Ohrmuschel (q.), wo sie Anastomosen bilden, mit Blut versehen; ferner

9. die Schläfenart. (art. temporalis), die sich bald in zwei Arterien theilt, nämlich in

10. die hintere Schläfenart. (art. temporalis posterior), welche sich in dem untern Einwärtszieher (n.), im gemeinschaftlichen Ohrmuskel (o. o.) und unter dem (hier durchgeschnittenen) Schildknorpel des Ohres (p. p.) durchgehend, im Schläfenmuskel verzweigt; ferner in

11. 11. die eigentliche Schläfenart. oder querlaufende Antlitzart. (art. transversa faciei), die über dem Antlitznerven (v.) und unter der Jochleiste herabgeht, um sich im äußern Kaumuskel (u.) und in der Haut zu verzweigen.

Von der äußern Kinnbackenarterie ist nur der eine Ast für das Antlitz bestimmt, nämlich

12. 12. die Antlitz- oder Lippenart. (art. facialis s. labialis), die sich um den untern Rand des Unterkiefers umbeugt (wo man den Puls fühlt), und am Antlitz folgende Aeste abgiebt:

13. 13. die Kranzart. der Unterlippe (art coronaria labii inferioris), diese geht unter dem Auswärtszieher der Unterlippe (aa.) und neben dem Niederzieher derselben (bb) nach vorn, bildet am Kinn mit der untern Zahnart.

14. eine Anastomose, und endigt im Kreismuskel der Unterlippe, giebt aber vorher

15. die Maulwinkelart. (art. anguli oris) ab, welche sich im Kreismuskel der Oberlippe (dd.) verzweigt. Aus der Antlitzarterie (12.), nachdem sie unter dem Jochmuskel (z.) auswärts gegangen ist, entspringt ferner

16. 16. die Kranzart. der Oberlippe (art. coronaria labii superioris), welche unter dem Pyramidenmuskel der Nase (g. g.) und dem Auswärtszieher der Oberlippe (w. w.) nach vorn geht, um sich in der Nase und in der Oberlippe zu verzweigen.

17. Die Arterie des falschen Nasenloches (art. tubae nasalis) entspringt über 16., verbindet sich durch Zweige mit ihr, und nimmt

18. die obere Zahnart. (art. alveolaris superior) auf, die unter dem Aufheber der Oberlippe (x. x.) aus dem Kanal hervortritt; der letzte Zweig der Antlitzarterie ist

19. die Augenwinkelart. (art angularis), die sich nach oben mit einem Zweige der Thränenarterie, nach unten mit der Kranzarterie der Oberlippe verbindet.

Figur 2. Die Arterien in der Brusthöhle und am Halse, von der rechten Seite gesehen.

1. Die vordere Hohlvene (vorn abgeschnitten).
2.2. Die vordere Aorta (art. Aorta anterior) liegt unmittelbar unter der Luftröhre (k. k.), und giebt zuerst
3. den Stamm der vordern Zwischenrippen- und tiefen Nakkenart. ab, der aber oft fehlt, und dann entspringt jede dieser Arterien aus der Aorta selbst; von ihm gehen Zweige an die Luftröhre uud an die Lymphdrüsen (l. l.);
4. die vordere Zwischenrippenart. (art. intercostalis anterior) geht über die Luftröhre (k. k.) und den innern Beuger des Halses (f. f.) nach oben, und giebt
5. die zweite Zwischenrippenart. (art. intercostalis secunda),
6. die dritte Zwischenrippenart. (art. intercostalis tertia), und
7. die vierte Zwischenrippenart. (art. interc. quarta) ab, die an den Rippen herablaufen; dann
8. die querlaufende Schulterart. (art. transversa scapulae), welche zwischen der zweiten und dritten Rippe aus der Brust geht, und sich im breiten gezahnten Muskel (c. c.) und in den Rückenmuskeln verzweigt.
9. Die tiefe Nackenart. (art. cervicalis profunda) giebt
10. die erste Zwischenrippenart. (art. intercostalis prima) ab, tritt dann zwischen der ersten und zweiten Rippe nach oben, theilt sich in
11. die aufsteigende Nackenart. (art. cervicalis posterior adscendens), die Zweige an den Aufheber des Schulterblattes (a.), an den rautenförmigen Muskel (b.) giebt, und dann am Nacken aufsteigt (37. Fig. 2. Tab. 28.); dann in
12. die querlaufende Nackenart. (art. cervicis transversa).
13. Die Halswirbelart. (art. vertebralis) geht unter dem ungleich dreiseitigen Muskel (e.) nach vorn, giebt
14. einen Muskelzweig (ramus muscularis) ab, und tritt vom 6ten Halswirbel an in die Wirbellöcher, durch welche sie nach oben geht (28. Fig. 1. Tab. 28.).

Aus der unbenannten Arterie (art. anonyma), welche der rechte Ast der vordern Aorta ist, entspringen folgende Gefäße:

15. der Stamm der Drosselarterien (truncus Carotidum), der unter der Luftröhre nach vorn geht, und sich in
16. die rechte Drosselart. (art. Carotis dextra), und in
17. die linke — (art. — sinistra) theilt, deren Verlauf Fig. 1.;
18. der Stamm der rechten Achselart. oder die rechte Schlüsselbeinart. (art. subclavia dextra hom.), von welchem zuerst
19. die innere Brustart. (art. mammaria interna) abgeht, die wieder
20. die vordere Mittelfellart. (art. mediastini anterioris), und
21.21. die Zwischenrippenzweige (rami intercostales) abgiebt; dann geht
22. die untere Halsart. (art. cervicalis adscendens) ab, von welcher ein Zweig an die Lymphdrüsen (i.) und an den gemeinschaftlichen Muskel des Kopfes, Halses und Armes (d.) geht; der andere Zweig für die Brustmuskeln ist abgeschnitten.
23. Die Achselarterie (art. axillaris) und
24. die äußere Brustart. (art. thoracica externa) sind die letzten Aeste vom Stamme der rechten Achselart., und ihren Verlauf s. Tab. 31. Fig. 1.
25.25. Die hintere Aorta (art. Aorta posterior s. descendens hom.) geht unter der Wirbelsäule nach hinten, und endigt am Becken, sie giebt ab:
26. einen Ast, der sich in
27.27. die Bronchialarterien (rami bronchiales) und in
28. die Schlundart. (art. oesophagea) theilt; die Ersten begleiten die Luftröhrenäste in die Lungen, und verzweigen sich auch an der Oberfläche des hintern (m.) und des vordern (zurückgeschlagenen) Lungenlappens (n.); die Schlundarterie läuft über dem Schlunde (o. o.) nach hinten, und verbindet sich mit
29. dem Schlundaste der Bauch-Schlagader (ramus oesophageus arteriae coeliacae), der auch Zweige an die Oberfläche der Lunge giebt.
30. Die vordere Zwerchfellart. (art. phrenica anterior s. superior hom.) verzweigt sich im Zwerchfelle (p.). Aus der obern Wand der hintern Aorta entspringen
31. die vereinigte fünfte und sechste Zwischenrippenart. (art. intercostalis quinta et sexta) und
32.32. die siebente bis siebenzehnte Zwischenrip-

penart. (art. intercost. septima ad decimam septimam), welche an die Wirbel, an den Anfang des großen Lendenmuskels (q.) Zweige geben, mit einem Zweige an der Rippe herablaufen, (vergl. Tab. 34. Fig. 1.), und mit
33. 33. den obern Zweigen in den Rückenmuskeln und in der Haut endigen. Aus dem Stamme oder Bogen der Aorta entspringt
34. die rechte Kranzart. des Herzens (art. coronaria cordis dextra), die unter dem rechten Herzohre (s.) in der Längenfurche am Herzen (r.) herabläuft, und dessen Substanz mit Blut versieht.

Tabula 28.

Figur 1. Arterien am Kopfe und Halse, von der linken Seite.

Der linke Ast des Unterkiefers ist entfernt, und die Luftröhre mit dem Schlunde sind frei gelegt worden.

1—3. wie bei Fig. 1. Tab. 27.
4. 4. Schlundzweige (rami oesophagei), verbreiten sich in den Häuten des Schlundes (p. p.), und verbinden sich mit den Luftröhrenzweigen (3.).
5. Die untere Schilddrüsenart. (art. thyreoidea inferior) entspringt tiefer, als die obere, aus der Drosselart., geht an die Schilddrüse, und verbindet sich mit
6. der obern Schilddrüsenart. (4. Fig. 1. Tab. 27.), und diese mit
6*. der Kehlkopfart. (art. laryngea), welche häufig nur ein Zweig von 6. ist;
7. die untere Ohrdrüsenart. (art. parotidis inferior) tritt in das untere Ende der Ohrspeicheldrüse (sie ist abgeschnitten);
8. die aufsteigende Schlundkopfart. (s. 4. Fig 2.). Nachdem die Drosselart. zwischen dem Kehlkopfe und der Unterkieferdrüse (h. h.) hindurchgegangen ist, heilt sie sich in
9. die innere Kopfart. (art. Carotis cerebralis) s. Tab. 29. Fig. 4., in

10. die Hinterhauptsart. (art. occipitalis) und in die äußere Kopfart. (15.); die Hinterhauptsart. theilt sich in der Flügelgrube des Atlas in
11. den hintern Ast (ramus posterior), welcher durch das hintere Loch des Atlas aufwärts steigt, und sich mit der Halswirbelart. (28.) verbindet; dann in
12. den vordern äußern Ast (ramus anterior externus), der durch das vordere äußere Loch des Trägers hindurchgeht, und sich in den Nackenmuskeln verzweigt (den vordern innern Ast s. 7. Fig. 2.); vor der Theilung entspringen aus der Hinterhauptsart. noch
13. die obere oder hintere Hirnhautart. (7 b. Fig. 2.), und
14. die untere Hirnhautart. (art. meningea media hom.), welche durch das Loch des Knopffortsatzes in die Schädelhöhle tritt.
15. Die äußere Kopfart. (art. Carotis facialis) ist von den drei Aesten der Drosselart. der stärkste, geht unter dem zweibäuchigen (f.) und Griffel-Kinnbackenmuskel (g.g.) aufwärts, giebt
16. die obere Arterie der Unterkieferdrüse (art. glandulae submaxillaris superior) ab, und theilt sich in
17.17. die innere Kieferart. (art. maxillaris interna) und in die äußere (s. 17. 10. Fig. 2.); aus der innern Kieferart. entspringt
18. die äußere Kaumuskelart. (5. Fig. 1. Tab. 27.),
19. die große Ohrarterie (6. das.),
20.20. die untere Zahnart. (art. alveolaris inferior), welche Zweige an den innern Kaumuskel (e.) giebt, und dann in den Kanal des Unterkiefers tritt, hier aber abgeschnitten ist (vergl. Tab. 32. Fig. 10. 11.);
21. die hintere Schläfenart. (10. Fig. 1. Tab. 27.) } abge-
22. die eigentliche Schläfenart. (11. das.) } schnitten;
23. die Wangenart. (art. buccinatoria), welche in der Augengrube aus der innern Kieferart. entspringt (30. Fig. 2.), und sich in dem äußern (d.) und innern Kaumuskel (e.) verzweigt.
24a. Die äußere Kieferart. (art. maxillaris externa) theilt sich in die Antlitz- und tiefe Zungenart. (12. 15. Fig. 2.), ist aber hier vom innern Kaumuskel (e.) bedeckt; aus
24b. der Antlitz- oder Lippenart. entspringt, ehe sie sich um den Unterkifer umbeugt (12. Fig. 1. Tab. 27.)
25.25. die Unterzungenart. (art. sublingualis), die über

dem breiten Zungenbeinmuskel (b. b.) und unter der Unterzungendrüse (c.) nach vorn geht, und im Zahnfleische des Unterkiefers endigt; sie giebt ab

26. die Unterkinnart. (art. submentalis), welche sich im breiten Zungenbeinmuskel und in der Haut verzweigt.

27. 27. Die tiefe Zungenart. (art. profunda linguae s. ranina) geht im Fleische der Zunge (a. a.) bis zur Spitze nach vorn (s. 15. Fig. 2.).

28. 28. Die Halswirbelart. (13. Fig. 2. Tab. 27.) geht durch die Wirbellöcher an der Seite der Halswirbel nach oben, wird vom gemeinschaftlichen Muskel (l. l.) und den Quermuskeln des Halses bedeckt, giebt in der Tiefe

29. 29. Muskelzweige an die Nackenmuskeln, und verbindet sich mit dem hintern Aste der Hinterhauptsarterie (11.).

Figur 2. Die tieferen Arterien am Kopfe und Halse, von der linken Seite gesehen.

Der Unterkiefer und die Muskeln unter der Luftröhre sind entfernt worden; die Zunge ist so gewendet, daß vorn die untere Fläche sichtbar ist.

1. Die Drosselarterie,
2. die obere Schilddrüsenart. (4. Fig. 1. Tab. 27.),
3. die Kehlkopfart. (6*. Fig. 1.) ist hier ein Zweig von 2.;
4. die aufsteigende Schlundkopfart. (art. pharyngea adscendens) verzweigt sich in dem Schild= (u.) und Ring=Schlundkopfmuskel (v.).
5. Die Hinterhauptsart. (10. Fig. 1.),
6. der vordere äußere Ast derselben (12. das.) verbindet sich mit einem obern Aste der Halswirbelart. (36.), und verzweigt sich im dicken Strecker des Halses (w.), im großen durchflochtenen Muskel (x. x.), der vom Nackenbande (aa. aa.) abgetrennt und zur Seite gelegt ist, und im kleinen durchflochtenen Muskel (z. z.);
7. der vordere innere Ast (ramus anterior internus) tritt durch das vordere innere Loch des Trägers, wo er von dem dicken Strecker des Halses (w.) bedeckt wird, in den Wirbelkanal, und bildet die Grundarterie des Gehirns (12. Fig. 2. Tab. 29.);

7b. die obere oder hintere Hirnhautart. (art. meningea postica) geht mit einem Zweige an den schiefen Kopfmuskel, der andere geht durch den Schläfengang in die Schädelhöhle;

8. die innere Kopfart. (9. Fig. 1.).
9. Die äußere Kopfart. (15. daſ.) geht unter dem zweibäuchigen Muskel (e. e.) und dem langen Zungenbeinmuskel (f. f.) aufwärts, und theilt ſich in
10. die äußere Kieferart. (24a. daſ.) und in die innere Kieferart. (17.); jene giebt ab:
11. die aufſteigende Gaumenart. (art. palatina adscendens), die unter dem großen Zungenbeinaſte (g.) an den Schlundkopf (i.) geht; ferner
12. 12. die Antlitz- oder Lippenart. (12. Fig. 1. Tab. 27.), von welcher
13. die untere Arterie der Unterkieferdrüſe (art. glandulae submaxillaris inferior) abgeht, die aber hier abgeſchnitten iſt,
14. die Unterzungenart. (25. Fig. 1.);
15. 15. die tiefe Zungenart. (27. daſ.) iſt bis zur Spitze der Zunge (c. c.) verfolgt, und giebt Zweige an die Oberfläche, welche unter dem Zungenbein-Zungenmuskel (d. d.) aufſteigen, vorher aber
16. die Arterie des Zungenrückens (art. dorsalis linguae), die ſich um den kleinen Zungenbeinaſt umbeugt.
17. Die innere Kieferart. (17. Fig. 1.) mit ihren Aeſten, nämlich
18. der äußern Kaumuskelart. (5. Fig. 1. Tab. 27.),
19. der großen Ohrart. (6. daſ.), von welcher
20. die Arterie der Paukenhöhle (art. tympanica) hinter dem äußern Gehörgange (tt.) durch das Warzenloch in die Paukenhöhle geht, (vergl. Tab. 32. Fig. 7.);
21. die hintere Schläfenart. (10. Fig. 1. Tab. 27.),
22. die eigentliche Schläfenart. (11. daſ.) und
23. die untere Zahnart. (20. Fig. 1.), die alle abgeſchnitten ſind. Nachdem nun die innere Kieferart. über den Luftſack (m.) und die Gaumenmuskeln (n. l.) fortgegangen iſt, giebt ſie
24. die mittlere Hirnhautart. (art. meningea media secunda) ab, die durch das geriſſene Loch in die Schädelhöhle tritt, dann nähert ſie ſich dem Flügelloche des Keilbeines und giebt vor und nach dem Durchgange durch daſſelbe
25. 25. die tiefen Schläfenart. (arteriae temporales profundae) ab, welche ſich in dem Schläfenmuskel (t.) veräſteln. Hierauf entſpringt aus der innern Kieferart.
26. die Augenart. (art. ophthalmica), welche

27. die Stirnart. (art. frontalis s. supraorbitalis),
28. die obere Nasenart. (art. nasalis superior) abgiebt, und sich dann im obern Augenliede (o.), in der Thränendrüse (p.), in den Augenmuskeln (q.) und im Augapfel verliehrt. Aus der fortlaufenden innern Kieferart. entspringen ferner:
29. die Fettart. (art. adipis), die für das Fett in der Augenhöhle (s.) bestimmt ist,
30. die Wangenart. (23. Fig. 1.),
31. 31. die obere Zahnart. (art. alveolaris superior), durch die Oberkieferhöhle (n.), wo sie Zweige an die Bakkenzähne giebt, hindurchgehend, und am Antlitz sich mit der Arterie des falschen Nasenloches verbindend (18. Fig. 1. Tab. 27.),
32. die Thränenart. (art. lacrymalis) für den Thränensack und Thränenkanal bestimmt,
33. die hintere Nasenart. (art. nasalis posterior), die durch das Gaumennasenloch in die Nasenhöhle tritt (2. Fig. 6. Tab. 30.); der letzte Ast der innern Kieferart. ist
34. die Gaumenart. (art pterygo-palatina), welche durch den Gaumenkanal an den harten Gaumen (b. b.) tritt, und in diesem nach vorn geht, eben so wie
35. die Gaumenart. der rechten Seite, mit der sie sich über den Gaumenfortsätzen der knorpeligen Nasenscheidewand (a.) verbindet, durch das Schneideloch hindurchgeht, und in die Kranzarterien der Oberlippe übergeht.
36. 36. Die obern Aeste der Halswirbelart. (29. Fig. 1.), die sich mit
37. der aufsteigenden Nackenart. (11. Fig. 2. Tab. 27.) an der innern Fläche des großen durchflochtenen Muskels (x. x.) verbinden.

Tabula 29.

Figur 1. Verbindung der beiden innern Kopfarterien an der Grundfläche des Gehirns, in halber Natur-Größe und von unten gesehen.

Die Schädelhöhle ist von unten geöffnet, so daß
a. die Schleimdrüse oder der Gehirnanhang,

b. das verlängerte Mark, in seinen Häuten eingeschlossen, sichtbar werden;
c. c. die Zwischenknorpel der Kiefergelenke.
1. 1. Die innern Kopfarterien (arteriae Carotides cerebrales) machen einige Windungen und verbinden sich in der Mittellinie durch
2. den äußern Verbindungsast (ramus communicans externus), welcher hinter der Schleimdrüse (a.) und außerhalb der harten Hirnhaut liegt; von beiden, in die Schädelhöhle eindringenden, innern Kopfart. gehen noch
3. Zweige an den Trichter (rami ad infundibulum).

Figur 2. Die Arterien des Gehirns, in natürlicher Größe von unten gesehen.

Die harte Hirnhaut und Spinnwebenhaut sind am großen und kleinen Gehirn entfernt worden, nur am verlängerten Marke noch erhalten.
1. 1. Die innern Kopfart. (1. Fig. 1.) sind nahe am Gehirn abgeschnitten; jede theilt sich in
2. 2. den vordern Ast (ramus anterior), der unter der Schleimdrüse (c.) nach vorn geht, und sich mit dem der andern Seite verbindet, und in den hintern Ast (8.); aus dem vordern Aste entspringen:
3. 3. die Arterie der Sylvi'schen Grube (art. fossae Sylvii), welche sich an der untern und Seitenfläche des großen Gehirns (t. t.) verzweigt,
4. 4. die Arterie des Adergeflechtes (art. plexus choroidei), welche am Sehnerven in die Seitenkammer tritt und dort das Adergeflecht bildet (vergl. Fig. 5.),
5. 5. die vordere Hirnhautart. (art. meningea antica), die Zweige an das große Gehirn und den Riechnerven (a. a.) giebt, und dann in den Sichelfortsatz der harten Hirnhaut tritt, hier aber abgeschnitten ist; endlich entsteht aus der Vereinigung der beiden vordern Aeste
6. die Arterie des Hirnbalkens (art. corporis callosi), welche über den Sehnerven (b. b.) zwischen den beiden vordern Lappen nach vorn und oben geht, und noch
7. 7. die Siebbeinarterien (arteriae ethmoidales), welche abgeschnitten sind, abgiebt.
8. 8. Der hintere Ast der innern Kopfart. (ramus posterior) giebt

9.9. die tiefe Gehirnart. (art. cerebri profunda) ab, und verbindet sich dann durch

10.10. den innern Verbindungsast (ramus communicans internus) mit der Grundart. des Gehirns (12.). Durch die gegenseitige Verbindung des vordern und hintern Astes der innern Kopfart. und mit der Grundart. wird der Cirkel des Willis (circulus Willisii) gebildet.

Aus dem Verbindungsaste entspringt

11.11. die obere Arterie des kleinen Gehirns (art. cerebelli superior), welche unter dem gemeinschaftlichen Augenmuskelnerven (d. d.) und über den Rollnerven (e.e.) an das kleine Gehirn geht (3. Fig. 3.).

12.12. Die Grundart. (art. basilaris) wird durch die Vereinigung der beiden vorderen innern Aeste der Hinterhauptsarterien (15. 15.) gebildet, geht unter dem verlängerten Marke (r. r.) und dem Hirnknoten (p.) nach vorn, und giebt kleine Zweige an den dreiästigen Nerven (f. f.), den Augen abziehenden (g. g.), den Zungen-Schlundkopfnerven (k. k.), den Lungen-Magennerven (l. l.), den Beinerven (m. m.) und an den Unterzungennerven (n. n.); ferner

13. die innere Gehörart. (art. auditoria interna), welche mit dem Antlitz- (h.) und Gehörnerven (i.) in den innern Gehörgang tritt, und sich im Labyrinthe verzweigt (vergl. Tab. 32. Fig. 8. und 9.);

14. die untere Arterie des kleinen Gehirns (art. cerebelli inferior), die an der untern Fläche des kleinen Gehirns (q. q.) nach hinten geht (4. Fig. 3.).

15.15. Die vordern innern Aeste der Hinterhauptsarterien (7. Fig. 2. Tab. 28.) durchbohren die harte Rückenmarkshaut, da wo das erste Halsnervenpaar (o. o.) entspringt, und verbinden sich in der Grundart. (12. 12.), von welcher nach hinten

16. die untere Rückenmarksart. (art. spinalis inferior) abgeht, die unter dem Rückenmarke (s.) nach hinten geht (s. Tab. 33. Fig. 1.).

Figur 3. Die Arterien am Gehirn, in natürlicher Größe, von oben gesehen.

1. Die Arterie des Hirnbalkens (6. Fig. 2.) verzweigt sich an den Halbkugeln und am Balken des großen Gehirns (a.a.),

2—2. die Zweige von der Arterie der Sylvi'schen Grube (3. das.) und der tiefen Gehirnart. (9. das.),
3.3. die obere Arterie des kleinen Gehirns (11. das.), die sich mit
4.4. der untern Arterie des kleinen Gehirns (14. das.) verbindet, und auf dem kleinen Gehirn (b. b.) verzweigt; von der letzteren Arterie gehen neben der rautenförmigen Grube (c.)
5. die oberen Rückenmarkszweige (rami spinales superiores) ab, welche sich auf dem Rückenmarke (d.), dem Beinerven (e.) und dem ersten Halsnerven verbreiten.

Figur 4. Die Arterien am Gehirn, welches in der Schädelhöhle liegt; in halber Naturgröße und von der rechten Seite dargestellt.

Die Schädelhöhle ist von der rechten Seite geöffnet, und die Gehirnhäute sind hinweggenommen worden.
1. Die Drosselarterie
2. die Hinterhauptsart.
3. die äußere Kopfart.
} abgeschnitten,
4. die innere Kopfart. (art. Carotis cerebralis) geht unter dem kurzen (g.) und langen Beuger des Kopfes (h.) an der innern Wand des Luftsackes nach vorn, macht einige Windungen, und tritt an der Eustach'schen Trompete (f.) in die Schädelhöhle, wo sie sich verzweigt;
5. die Centralart. der Netzhaut (art. centralis retinae) begleitet den Sehnerven (d.) in's Auge (sie ist an der Figur zu dick gezeichnet), vergl. Tab. 32. Fig. 3.;
6. die Arterie der Sylvi'schen Grube (3. Fig. 2.), verzweigt sich am großen Gehirn (a.),
7. die tiefe Gehirnart. (9. das.),
8. der innere Verbindungsast (10. das.),
9. die obere Arterie des kleinen Gehirns (11. das.) geht an das kleine Gehirn (b.),
10. die Grundart. (12. das.) geht unter dem Rückenmarke (c.) nach vorn und wird aus
11.11. den vordern innern Aesten der Hinterhauptsarterien (7. Fig. 2. Tab. 28.) gebildet, sie giebt
12. die untere Arterie des keinen Gehirns (14. Fig. 2. Tab. 29.) ab.

Figur 5. Die Adergeflechte in den Seitenkammern des Gehirns, in natürlicher Größe und von oben dargestellt.

a. a. Die gestreiften Körper (corpora striata),
b. das vordere Markbändchen (commissura cerebri anterior) und hinter ihm die vordere Gehirnöffnung (aditus ad infundibulum),
c—c. die Ammonshörner (cornua Ammonis), deren vordere Schenkel vorn abgeschnitten und zurückgelegt sind, um
d. d. die Sehnervenhügel (thalami nervorum opticorum) zu sehen;
e. e. die seitlichen Adergeflechte (plexus choroidei laterales) sind jedes aus einer kleinen Arterie (4. Fig. 2.) gebildet, und bilden durch ihre Vereinigung
f. das mittlere Adergeflecht (plexus choroideus medius).

Auf der Schnittfläche des Gehirns sieht man die von unten herkommenden Gefäßzweige.

Tabula 30.

Figur 1. Die Arterien am linken Auge, in natürlicher Größe, von oben gesehen.

1. 1. Die Aeste der Augenart. (26. Fig. 2. Tab. 28.), der größere giebt
2. 2. einen Zweig an das obere Augenlied (a.) und an die Thränendrüse (b.); von beiden Aesten gehen
3. 3. die Ciliararterien (arteriae ciliares), welche die harte Haut des Auges durchbohren (vergl. Tab. 32. Fig. 1. und 2.), und
4. 4. Muskelzweige ab, für den Aufheber des obern Augenliedes (c.), den oberen graden Muskel (d—d.), den innern (e.) und äußern graden (f.), den großen schiefen (g.), und für den Grundmuskel (h.); der Blinzknorpel ist mit i., der Sehnerv mit k. bezeichnet.
5. Die obere Nasenart. (28. Fig. 2. Tab. 28.) ist die Fortsetzung vom stärkeren Aste der Augenart. (vergl. Tab. 30. Fig. 5. und 6.).

Figur 2. Die Arterien am linken Auge, in natürlicher Größe, von unten gesehen.

1. Die Augenart. giebt
2. einen Zweig an das untere Augenlied (a.), den Blinzknorpel (c.), den kleinen schiefen und innern graden Muskel (e.);
3. Ciliararterien, die im untern graden Muskel (f.) aufsteigen.

Figur 3. Die tiefer liegenden Arterien am rechten Augapfel, von oben gesehen.

a. Der Augapfel,
b. der obere grade Augenmuskel,
c. c. der Grundmuskel,
d. der Sehnerv,
e. e. die Ciliararterien.

Figur 4. Dieselben von unten gesehen.

a. Der Augapfel,
b. b. der Grundmuskel,
c. der Sehnerv,
d. d. Ciliararterien,
e. Muskelzweige.

Figur 5. Die Arterien an der Nasenscheidewand und am Gaumen, von der linken Seite gesehen.

Der Antlitztheil des Kopfes ist der Länge nach durchgeschnitten, so daß die Nasenscheidewand an der rechten Hälfte erhalten ist.

1. 1. Die obere Nasenart. (art. nasalis superior) geht von der Augenart. durch das Siebbeinloch in die Schädelhöhle und über das Siebbein hinweg in die Nasenhöhle, wo sie sich auf der Nasenscheidewand (a. a.) verzweigt, und mit

3. 3. den Nasenzweigen (rami nasales) der

2.2. Gaumenart. (art. pterygo-palatina), welche durch die Löcher des knöchernen Gaumens (b. b.) in die Nasenhöhle gehen, anastomosirt; die Gaumenart. geht durch das Schneideloch an die Oberlippe.

Figur 6. Die Arterien der linken Nasenhöhle, von der innern Seite gesehen.

1.1. Die Zweige der obern Nasenark. (1. Fig. 5.), die sich an der Schleimhaut der oberen Nasenmuschel (a.) und des Siebbein-Labyrinthes (c. c.) verbreiten;

2. die hintere Nasenart. (art. nasalis posterior) tritt durch das Gaumen-Nasenloch in die Nasenhöhle (vergl. 33. Fig. 2. Tab. 28.), und verzweigt sich an der untern Nasenmuschel (b.), an der hintern Nasenöffnung und im untern Nasengange, wo sie sich mit

4.4. den Nasenzweigen der

3. Gaumenarterie verbindet.

Figur 7. Die tief liegenden Arterien am linken Vorderfuße, von hinten gesehen.

Die Muskeln sind, bis auf den Beuger des Fesselbeines, entfernt worden.

1. Die hintere Kniebogenarterie (arcus carpi volaris hom.) ist ein Ast der Speichenart. (15. Fig. 2. Tab. 31.), geht an der Speiche (a.) herab, und verzweigt sich in den Bändern der Vorder-Fußwurzel;

2.2. die hintere innere Zwischenknochenart. (20. Fig. 2. Tab. 31.) geht zwischen dem Beuger des Fesselbeines (c.) und dem innern Griffelbeine (d.) herab, und verbindet sich über den Sesambeinen mit

3.3. der hintern äußern Zwischenknochenart. (19. Fig. 2. Tab. 31.), welche über das Hakenbein (b.), am äußern Griffelbeine (d.) herabgeht; beide Arterien sind durch

4. den Querast (ramus transversus) oben verbunden, und aus der innern entspringt noch

5. die Ernährungsart. des Schienbeines (art. nutritia ossis metacarpi medii), welche durch ein Loch in die Markhöhle dieses Knochens tritt.

6. Die große Schienbeinart. (21. Fig. 2. Tab. 31.), welche abgeschnitten ist, bildet mit 3. und 4.

7. den tiefen Bogen (arcus volaris profundus), und theilt sich dann in
8—8. die beiden Seitenart. der Zehe (arteriae digitales), welche durch
9. die hintere Fesselbeinart. (art. phalangis primae posterior) und durch
10. die hintere Kronenbeinart. (art. phalangis secundae posterior), von der Sehne des Hufbeinbeugers (e.e.) bedeckt, verbunden werden. Der letzte Zweig jeder Seitenarterie ist
11.11. die Arterie der Fleischsohle (art. phalangis tertiae inferior), die theils unter den Fleischstrahl (f.) geht, und
12. einen oberflächlichen Zweig (ramus superficialis) abgiebt (vergl. Tab. 38. Fig. 13.).

Figur 8. Die Arterien am linken Vorderfuße von, vorn gesehen.

1. Der vordere Kniebogen (arcus carpi dorsalis) wird durch Zweige der äußern Zwischenknochenart. (S. Fig. 3. und 4. Tab. 31.), welche über die Sehne des Schienbeinstreckers (a.) und Kniestreckers (b.) herablaufen, gebildet, und aus ihm entspringen:
2. die vordere äußere Zwischenknochenart. (art. interossea dorsalis externa), die zwischen dem äußern Griffelbeine und dem Schienbeine (d.), und
3. die vordere innere Zwischenknochenart. (art. interossea dorsalis interna), die zwischen dem innern Griffelbeine (e.) und dem Schienbeine (d.) herabläuft.
4. Gelenkzweige (rami articulares) gehen an die Sehne des Hufbeinstreckers (c.c.), an die Bänder des Fesselgelenkes, und verbinden sich mit
5. der vorderen Fesselbeinart. (art. phalangis primae anterior), welche mit
6. der vordern Kronenbeinart. (art. phalangis secundae anterior) anastomosirt und zugleich mit
7. der Arterie der Kronenwulst (art. tororum ungulae mollium) entspringt, die an die Hornröhrchen des Hufes die Ernährungsgefäße abgiebt (vergl. Tab. 38. Fig. 9.).

8. Die Arterie der Fleischwand (art. phalangis tertiae anterior) liegt in der Rinne des Hufbeines, und verbindet sich mit den Zweigen
9. der Arterie der Fleischsohle (11. Fig. 7.), welche durch die Löcher des Hufbeines vorn durchtreten (vergl. Tab. 38. Fig. 12.).

Tabula 31.

Figur 1. Die Arterien an der obern Hälfte der linken vordern Gliedmaaße, von der innern Seite gesehen.

Der Maasstab ist $\frac{1}{3}$ der Natur-Größe.

1.1. Die Achselarterie (art. axillaris) ist das größeste Gefäß an der vordern Gliedmaaße, sie giebt zuerst
2.2. die äußere Brustart. (art. thoracica externa) ab, welche an den kleinen (a. a) und großen Brustmuskel (b. b.) Zweige giebt, und im Bauch-Hautmuskel (c.) endigt, dann
3. die Schulterhöhenart. (art. acromialis), die an den kleinen Brustmuskel (a. a.), den vorderen Grätenmuskel (d.), Unterschultermuskel (e. e.) und das Armbein Zweige giebt; hierauf theilt sich die Achselart. in
4.4. die Unterschulterart. (art. subscapularis) und in die Armart. (8.); erstere geht zwischen dem Unterschultermuskel (e. e.) und dem Niederzieher des Armbeines (f. f.) aufwärts, und giebt ab:
5. die hintere umschlungene Armbeinart. (art. circumflexa humeri posterior), welche zwischen dem Niederzieher des Armbeines (f.) und dem kurzen Beuger des Vorarmes (i.) nach außen geht;
6. die umschlungene Schulterart. (art. circumflexa scapulae), die den dicken Vorarmstrecker durchbohrt, und
7—7. Muskelzweige (rami musculares) an e., f., die Lymphdrüsen (g.), an den breiten Rückenmuskel (h.) und Hautmuskel (c.) abgiebt.
8. Die Armart. (art. brachialis) geht an der innern Seite des Armbeines herab, und giebt folgende Arterien ab:

9. die vordere umschlungene Armbeinart. (art. circumflexa humeri anterior), geht unter dem Aufheber des Armbeines (m. m.) und dem langen Beuger des Vorarmes (n.) nach vorn und außen;

10. die tiefe Armart. (art. brachii profunda), verzweigt sich in dem kurzen (n.), langen (l. l.), dicken und mittleren Strecker des Vorarmes; sie vertritt hier durch einen Zweig die obere Seitenart. des Ellenbogens;

11. die untere Ernährungsart. des Armbeines (art. nutritia humeri inferior), welche in die Markhöhle desselben (s.) eindringt,

12. 12. die untere Seitenarterie des Ellenbogens (art. collateralis ulnaris inferior), die am innern Beuger des Knie's (q. q.) herabgeht, Zweige an den breiten Brustmuskel (o.) giebt, und am Vorderknie endigt (vergl. 9. Fig. 4.);

13. einen Hautzweig (ramus cutaneus). Die Armarterie theilt sich nun in

14. die Ellenbogenart. (7. Fig. 3.) und in

15. 15. die Speichenart. (art. radialis), die bis unter die Mitte des Vorarmes (t.) diesen Namen behält, und bis dahin abgiebt:

15*. die zurücklaufende Speichenart. (art. recurrens radialis), welche unter dem Beuger des Schienbeines zurückgeht, und sich mit Zweigen der untern Seitenart. des Ellenbogens verbindet;

16. die äußere Zwischenknochenart. (8. Fig. 3.),

17. 17. Muskelzweige an die Beuger des Knie's und Schienbeines (r. r.) und an den Strecker des Schienbeines (p.).

Figur 2. Die Arterien an der untern Hälfte der linken vordern Gliedmaaße, von der innern Seite gesehen.

15. 15. Die Speichenart. giebt ferner ab:

18. einen Zweig an den vordern Kniebogen (1. Fig. 8. Tab. 99.),

19. die hintere äußere Zwischenknochenart. (art. interossea volaris externa), die über das Hakenbein herabgeht (vergl. 3. Fig. 7. Tab. 30.),

20. 20. die hintere innere Zwischenknochenart. (art. interossea volaris interna), welche bis zum obern Ende des innern Griffelbeines oberflächlich, dann aber in der

Tiefe verläuft (vergl. 2. Fig. 7. Tab. 30.); der letzte und stärkste Ast der Speichenart. ist

21\. 21. die große Schienbeinart. (art. volaris sublimis), die an den Sehnen des Kronen- (v. v.) und Hufbeinbeugers (w. w.) herabläuft, an beide, und an die die Haut (aa.) Zweige abgiebt, um sich über den Sesambeinen mit 19. und 20. zu verbinden (vergl. 6. Fig. 7. Tab. 30.).

22\. 22. Ein Theil des vordern Kniebogens (1. Fig. 8. Tab. 30.) versieht die Sehnen des Kniestreckers (u.) mit Zweigen, und aus ihm entspringt

23\. die vordere innere Zwischenknochenart. (3. das.), welche zwischen dem Schienbeine (x.) und dem innern Griffelbeine (y.) herabläuft;

24\. 24. die Seitenart. der Zehe (8. Fig. 7. das.),

25\. die vordere Fesselbeinart. (5. Fig. 8. das.),

26\. die vordere Kronenbeinart. (6. das.),

27\. die Arterie der Kronenwulst (7. das.),

28\. die Arterie der Fleischwand (8. das.), die einen Zweig an die Ballen abgiebt;

29\. 29. Zweige der Fleischsohlenart. (11. Fig. 7. das.),

30\. 30. Hautzweige.

Figur 3. Die Arterien an der obern Hälfte der rechten vordern Gliedmaaße, von der äußern Seite gesehen.

1\. 1. Die umschlungene Schulterart. (6. Fig. 1.) verzweigt sich in dem vordern (a. a.) und hintern Grätenmuskel (b. b.), und giebt

2\. die Ernährungsart. des Schulterblattes (art. nutritia scapulae) ab;

3\. 3. der äußere Ast der Unterschulterart. (4. Fig. 1.) ist für den hintern Grätenmuskel (b. b.), den langen Auswärtszieher des Armbeines (d. d.) und für den Schulterhautmuskel (g.) bestimmt;

4\. 4. die hintere umschlungene Armbeinart. (5. Fig. 1.) tritt zwischen dem kurzen (c.) und langen Auswärtszieher des Armbeines (d. d.) hervor, giebt an beide und an den dikken (e.), so wie an den mittlern Strecker des Vorarmes (f.) Zweige. Zwischen diesem Muskel und dem langen Beuger des Vorarmes (h. h.) tritt

5. die vordere umschlungene Armbeinart. (9. Fg. 1.) hervor, und geht bis an das Schultergelenk.
6. Die tiefe Armart. (10. das.) geht zwischen dem mittleren Strecker (f. f.) und dem kurzen Beuger des Vorarmes (i. i.) nach außen;
7. 7. die Ellenbogenart. (art. ulnaris) ist der letzte äußere Ast der Armarterie, geht zwischen den Beugern des Vorarmes (h. i.) und dem Strecker des Schienbeines (k k.), an welche sie so wie an den Hufbeinstrecker (l. l.) Zweige giebt, hervor, und verbindet sich mit
8. der äußern Zwischenknochenart. (art. interossea externa), die aus der Speichenart. entspringt, zwischen der Speiche und dem Ellenbogenbeine nach außen geht, und am Vorderknie aufhört (8. Fig. 4.); aus ihr entspringt vorher
9. die zurücklaufende äußere Zwischenknochenart. (art. interossea externa recurrens), die an dem äußern Beuger des Vorderknie's (m. m.) aufwärts läuft, und sich mit 6. verbindet.

Figur 4. Die Arterien an der untern Hälfte der rechten vordern Gliedmaaße, von der äußern Seite gesehen.

8. 8. Die äußere Zwischenknochenart. (8. Fig. 3.) verzweigt sich an dem Strecker des Schienbeines (k. k.), des Hufbeines (l. l.), des Fesselbeines (n. n.) und des Vorderknie's (o. o.), und bildet dann den vordern Kniebogen (1. Fig. 8. Tab. 30.);
9. 9. die untere Seitenart. des Ellenbogens (12. Fig. 1.), geht über den äußern Beuger des Vorderknie's (m. m.) herab;
10. die vordere äußere Zwischenknochenart. (2. Fig. 8. Tab. 30.),
11. 11. die äußere Seitenart. des Fußes (8. Fig. 7. das.) verläuft eben so, wie die gleichnamige Arterie an der innern Seite (24. Fig. 2.).

Tabula 32.

Figur 1. Die Ciliar-Arterien am Auge, in natürlicher Größe, von vorn und oben gesehen.

Die durchsichtige und undurchsichtige Hornhaut sind durch Kreuzschnitte geöffnet, und in vier Lappen zurückgelegt (a—a.), zwischen welchen der Sehnerv (b.) hervorkommt, und die Regenbogenhaut (c.) mit der Pupille (d.) und dem Schwämmchen (e.) in derselben, so wie die Aderhaut (f.) sind dadurch frei geworden.

1—1. Die Ciliar-Arterien (3. Fig. 1. Tab. 30.) sind Zweige der Augenart., welche die undurchsichtige Hornhaut durchbohren, sich strahlig theilen, und unter einander zu einem zusammenhängenden Gefäßnetze verbinden, welches die Grundlage der Aderhaut (f. f.) ausmacht.

Figur 2. Die Arterien am Faltenkranze und der Regenbogenhaut des Auges, in natürlicher Größe, von hinten gesehen.

a. Die Pupille oder der Stern (pupilla),

b. die Schwämmchen oder Traubenkörner (flocculi pigmenti nigri) sind Fortsätze des schwarzen Pigments im Auge;

c. c. ein kleiner Theil der Aderhaut (f. f.), welche

d. d. den Faltenkranz (corpus ciliare) bildet, auf dessen Fältchen die Ciliar-Arterien verzweigt sind, und die auch

e. e. die Arterien der Regenbogenhaut (arteriae iridis), welche geschlängelt bis an die Pupille laufen, abgeben.

Figur 3. Die Arterie der Netzhaut am Auge in natürlicher Größe, von vorn gesehen.

Das Auge ist wie bei Fig. 1. aufgeschnitten, daher sind a—a. die Lappen der durchsichtigen und undurchsichtigen Hornhaut; die Regenbogenhaut und der Faltenkranz sind abgeschnitten;

b. der Sehnerv,
c. die Aderhaut,
d. der Eintritt des Sehnervens, welcher sich als
e. Netzhaut (tunica retina) ausbreitet, und auf welcher sich
1. die Zweige der Centralart. der Netzhaut (art. centralis retinae) als sehr kleine Gefäße verbreiten (die Arterie selbst s. 5. Fig. 4. Tab. 29.).

Figur 4. Die Ciliarvenen am Auge, in natürlicher Größe, von vorn und oben gesehen.

Sie verhalten sich so, wie die Ciliararterien (Fig. 1.).

Figur 5. Die Arterien der Regenbogen- und Pupillarhaut am Auge des Fötus, in natürlicher Größe und von vorn gesehen.

a. a. Der Faltenkranz (d. Fig. 2.),
b. b. ein Theil der Aderhaut.
1. Die Arterien der Regenbogenhaut (e. Fig. 2.) geben auch
2. die Arterien der Pupillarhaut (arteriae membranae pupillaris) ab, welche mit der Haut schon vor der Geburt verschwinden, nur bei den Fleischfressern sind sie noch nach der Geburt vorhanden.

Figur 6. Die Fortsetzung der Central-Arterie der Netzhaut im Glaskörper und der Krystall-Linse des Fötus-Auges, in natürlicher Größe.

1. Die Centralart. (art. centralis) geht dnrch den Glaskörper (a.) und theilt sich in
2. Zweige für die Linsenkapsel (rami capsulae lentis crystallinae), welche sich in der hintern Kapsel der Krystallinse (b.) ausbreiten.

Figur 7. Die Arterien der Paukenhöhle am linken Ohre eines sechsmonatlicheu Fötus, doppelt vergrößert.

Der Felsentheil ist von dem Paukentheile getrennt, und

zur Seite gelegt, so daß die innere und äußere Wand der Paukenhöhle sichtbar ist.

a. Die Ohrmuschel,

b. die Zellen der Paukenhöhle (cellulae tympanicae),

c. der Ring für das Paukenfell (annulus membranae tympani), an welchem eine kleine Arterie verläuft, welche die Zweige an die Zellen (b.) abgiebt, sie ist ein Zweig der Paukenhöhlenarterie (20. Fig. 2. Tab. 28.);

d. das Paukenfell (membrana tympani), zwischen dessen Platten

e. der Handgriff des Hammers (manubrium mallei) steckt, an welchem zwei kleine Gefäße herablaufen, die sich auf dem Paukenfelle verzweigen.

ee. Der Kopf des Hammers (caput mallei) ist mit

f. dem Körper des Amboses (corpus incudis) durch ein Kapselband verbunden, und dieser verbindet sich durch

af. den langen oder krummen Fortsatz (processus longus), an welchem das Linsenbeinchen (os orbiculare s. lenticulus) befestigt ist, mit dem Steigbügel; durch

bf. den kurzen oder graden Fortsatz (processus brevis) wird der Ambos mit der äußern Wand der Paukenhöhle verbunden.

g. Das Köpfchen des Steigbügels (capitulum stapedis), dessen Fußtritt im eirunden Fenster steckt; vor ihm liegt

h. das Vorgebirge (promontorium), welches mit feinen Arterienzweigen bedeckt ist. (Das runde Fenster, welches zwischen den Buchstaben h. und k. liegt, ist nicht bezeichnet.)

i. i. Der Spanner des Paukenfelles (musculus tensor tympani) ist quer durchgeschnitten, entspringt an der innern Wand der Paukenhöhle, und endigt an einem kleinen Fortsatzr am Handgriff des Hammers, er zieht das Paukenfell nach innen und spannt es;

k. der Steigbügelmuskel (m. stapedius) entspringt am hintern Ende der Paukrnhöhle, und endigt am Steigbügel, den er im eirunden Fenster bewegt.

Figur 8. Die Schnecke vom linken Ohre eines sechsmonatlichen Fötus, doppelt vergrößert dargestellt.

1. Die Spindel (modiolus s. columella), um welche

2.2. das Spiralblättchen (lamina spiralis) zwei und eine halbe Windung von links nach rechts macht und mit
3. dem Häkchen (hamulus) endigt. Durch das Spiralblättchen werden zwei Gänge oder Treppen gebildet, nämlich
4.4. die hintere Treppe oder Paukentreppe (scala posterior s. scala tympani), welche zum runden Fenster führt, und
5.5. die vordere Treppe oder Vorhofstreppe (scala anterior s. scala vestibuli), welche in den Vorhof führt; in beiden verlaufen die kleinen Arterien der Schnecke, die aus der innern Gehörart. (13. Fig. 2. Tab. 29.) entspringen.
6.6. Die Fortsätze der Kuppel (die hier entfernt worden ist), welche an die Spindel gehen.

Figur 9. Der Vorhof und die Bogengänge aus dem linken Ohre desselben Fötus, doppelt vergrößert.

1. Der obere Bogengang (canalis semicircularis superior),
2. der untere Bogengang (canalis semicircularis inferior), deren
3. gemeinschaftliche Oeffnung zu
4. dem Vorhofe (vestibulum) führt; in welchen mit
5. dem Gehörnerven (nervus auditorius) die innere Gehörart. (13. Fig. 2. Tab. 29.) geht, und sich, in die Bogengänge und in die Schnecke verzweigt. (Der äußere Bogengang (can. semicircul. externus) ist hier nicht sichtbar.)

Figur 10. Die Arterien der Schneidezähne und des Hakenzahnes in dem linken Unterkieferaste, von unten gesehen.

Die Zahnwurzeln sind blos gelegt und die Höhlen derselben zum Theil geöffnet, um die kleinen eintretenden Arterienzweige zu sehen, welche aus der untern Zahnarterie (e. Fig. 11.) entspringen.

Figur 11. Die Arterien der Backenzähne im rechten Unterkieferaste, um die Hälfte verjüngt, und von der innern Seite dargestellt.

a. a. Die Kronen der Backenzähne, welche über
b. b. das Zahnfleisch (gingiva) hervorstehen;
c — c. kleine Knochenstückchen von der innern Tafel des Unterkiefers, welche an den freigelegten Kronen festsitzen,
d. der Unterkieferkanal, geöffnet, um
e. e. die untere Zahnart. (20. Fig. 1. Tab. 28.) zu sehen, deren Zweige in die Wurzeln der Backenzähne eindringen (Fig. 12.), in der Knochensubstanz des Unterkiefers, in der Markhaut und in dem Zahnfleische (b.) verbreitet sind, und die mit einem Aestchen in den Körper des Unterkiefers (Fig. 10.) tritt, mit dem andern aber durch das Kinnloch herausgeht, um sich mit der Kranzarterie der Unterlippe zu verbinden (14. Fig. 1. Tab. 27.).

Figur 12. Die Arterien eines Backenzahnes, in natürlicher Größe.

a. Die Krone (corona dentis),
b. b. die Wurzeln (radices dentis),
c. die Höhle der Wurzeln, in welchen sich
d. die kleinen Gefäße verbreiten.

Figur 13. Die Arterien der Zähne im linken Unterkieferaste eines reifen Pferde-Fötus, in natürlicher Größe und von der äußern Seite dargestellt.

a. a. Drei Backenzähne, die noch ganz in die äußere Zahnhaut (membrana dentis externa), auf welcher viele Gefäße verlaufen, eingeschlossen sind; diese äußere Haut tritt auch in die Höhlen der Zähne und bildet die innere Zahnhaut (membrana dentis interna), die Fig. 14. dargestellt ist. Von den Schneidezähnen sind erst
b. der Zangenzahn (dens incisorius internus), und
c. der Mittelzahn (dens incisorius medius) gebildet, und noch in die äußere Zahnhaut ganz eingeschlossen;
d. d. die Gefäße im Unterkieferkanale.

Figur 14. Ein Theil eines Backenzahnes vom reifen Fötus, an welchem die innere Zahnhaut (membrana dentis interna) mit ihren zahlreichen Arterien dargestellt ist.

Tabula 33.

Figur 1. Das Rückenmark mit seinen Nerven und Arterien, in natürlicher Größe von unten dargestellt.

Die harte Rückenmarkshaut ist der Länge nach aufgeschnitten.

a. Das Rückenmark (medulla spinalis) ist die Fortsetzung des verlängerten Markes und wird von

b—b. der harten Rückenmarkshaut (dura mater) eingeschlossen. Die innere Fläche derselben wird von einem Blatte der Spinnwebenhaut überzogen, welches durch

c—c. das gezahnte Band (ligamentum denticulatum) in das Blatt übergeht, welches das Rückenmark bekleidet. Der hintere Theil des Rückenmarkes wird

d. d. Pferdeschweif (cauda equina) genannt.

e. Der Beinerv (nervus accessorius Willisii) entspringt in der Gegend des sechsten Halsnervens, geht am Rükkenmarke nach vorn und tritt in die Schädelhöhle, um mit dem 9ten und 10ten Gehirnnerven durch das gerissene Loch wieder herauszutreten.

f—f. Die untern Wurzeln der Rückenmarksnerven treten mit den oberen Wurzeln zusammen, und bilden einfache Knoten, aus welchem jeder Nerve mit zwei Aesten hervorgeht.

g. Die untere Rückenmarksart. (16, Fig. 2. Tab. 29.) läuft in der Mittellinie nach hinten und nimmt

h—h. Zweige der Halswirbelarterien, der Zwischenrippenart., der Lenden- und Kreuzbeinart. (rami spinales) auf, welche an den Nerven in den verschiedenen Gegenden durch die Zwischenwirbellöcher in den Wirbelkanal treten.

1. bis 8. Acht Halsnervenpaare (nervi cervicales), von welchen das erste Paar durch die vordern innern Löcher des Atlas, das letzte zwischen dem 7ten Halswirbel und dem ersten Rückenwirbel heraustritt.

9. bis 26. Achtzehn Rücken- oder Brustnervenpaare (nervi dorsales s. thoracici), das erste Paar geht zwischen dem ersten und zweiten Rückenwirbel, das 18te durch die Zwischenwirbellöcher zwischen dem letzten Rücken- und ersten Lendenwirbel aus dem Wirbelkanale.

27 bis 32. Sechs Lendennervenpaare (nervi lumbales), das letzte Paar geht zwischen dem sechsten Lendenwirbel und dem ersten falschen Wirbel des Kreuzbeines hervor.

33 bis 37. Fünf Kreuznervenpaare (nervi sacrales) treten durch die unteren und oberen Löcher des Kreuzbeines mit ihren Aesten.

38 bis 42. Fünf Schwanznervenpaare (nervi coccygei) gehen zwischen den vordern sechs Schwanzwirbeln aus dem Wirbelkanale.

Figur 2. Darstellung der innern Brustarterien und hintern Bauchdeckenarterien, auf den dritten Theil verjüngt; von oben.

Das Brustbein mit allen Rippenknorpeln und den Bauchmuskeln ist im Zusammenhange erhalten.

a. Die innere Brustart. (19. Fig. 2. Tab. 27.) geht am Seitenrande des Brustbeines (1. 1.) nach hinten, giebt Zweige an den Brustbeinmuskel und

b—b. die Zwischenrippenzweige (rami intercostales) ab, die sich mit den von oben kommenden Zwischenrippenart. (Tab. 34. Fig. 1.) verbinden; dann theilt sie sich in

c. die Zwerchmuskelart. (ramus musculo-phrenicus), die zwischen dem fleischigen Theile des Zwerchfelles (2. 2. 2.) und dem Quer-Bauchmuskel (3. 3.), der abgeschnitten ist, und dessen Sehne (4. 4.) in der weißen Linie (5. 5.) sich mit den andern Bauchmuskeln verbindet, nach hinten geht, sich in beiden verzweigt, und die hinteren Zwischenrippenäste (b.) abgiebt. Der zweite Ast der innern Brustarterie ist

d. die vordere Bauchdeckenart. (ramus epigastricus),

die zwischen dem Schaufelknorpel und den Rippenknorpeln hindurchgeht, an den graden Bauchmuskel (6. 6.) tritt, und
e. eine Anastomose mit
f. der hintern Bauchdeckenart. (art. epigastrica posterior s. inferior hom.) bildet; diese entspringt aus der Schenkelart. (vergl. 21. Fig. 2. Tab. 34.).

Tabula 34.

Figur 1. Einige Zwischenrippenarterien der linken Seite, von der innern Seite gesehen.

Jede Zwischenrippenarterie (arteria intercostalis) geht an der Wirbelsäule (a.) herab, läuft am hintern Rande der Rippe (b. b.) nach unten, und liegt oben bei
1. mehr in die Tiefe, indem sie von den Zwischenrippenmuskeln (c.) bedeckt wird; bei
2. 2. sind sie frei gelegt, und bei
3. 3. sind sie nur von der Brusthaut bedeckt, und gehen unter dem fleischigen Theile des Zwerchfelles (d. d.) und unter dem Querbauchmuskel (e. e.), über die Rippenknorpel (f.) hinweg, in die Zwischenrippenäste der innern Brustarterie (6. Fig. 2. Tab. 33.) über.

Figur 2. Die Arterien in der Bauch- und Beckenhöhle, von unten gesehen.

Alle Eingeweide, bis auf die Nieren, sind aus der Bauchhöhle genommen, und die Bauchhaut ist entfernt worden.
1. 1. Die Bauchaorta (art. Aorta abdominalis) tritt zwischen den Pfeilern des Zwerchfelles (a.) hervor, geht an der linken Seite der Wirbelsäule nach hinten, und theilt sich in der Nähe des Beckens.
2. Die rechte Nierenarterie (art. renalis dextra) geht an die rechte Niere (b.) und giebt eine
3. Nebennierenart. (art. suprarenalis) an die rechte Nebenniere (c.), welche hier etwas zur Seite gelegt ist.

4. Die linke Nierenart. (art. renalis sinistra) ist für die linke Niere (d.) und Nebenniere (e.) bestimmt. Aus der untern Wand der Aorta entspringen:

5. die Bauchschlagader (art. coeliaca), die (hier abgeschnitten) für den Magen, die Leber, Milz=Bauchspeicheldrüse und den Zwölffingerdarm (vergl. Tab. 35.) bestimmt ist;

6. die vordere Gekrösart. (art. mesenterica anterior s. superior hom.) ist auch abgeschnitten, sie führt das Blut zum Darme (vergl. Tab. 36. Fig. 1.);

8.8. die inneren Saamenarterien (arteriae spermaticae internae), welche an die Hoden bei männlichen, an die Eierstöcke bei weiblichen Thieren gehen (vergl. Tab. 37. Fig. 2. und 3.);

9. die hintere Gekrösart. (art. mesenterica posterior s. inferior hom.) ist für den Mastdarm bestimmt (13. Fig. 1. Tab. 36.). Aus der obern Wand der Aorta entspringen

7.7. die Lendenarterien (art. lumbales), welche über dem Psoasmuskel (g.) nach außen gehen und theils an den Rücken, theils an die Bauchmuskeln Zweige geben.

10—10. Die Schenkelart. (arteriae crurales) sind die vorletzten Aeste der Aorta, führen das Blut zu den hintern Gliedmaaßen (vergl. Tab. 39. Fig. 1. und 2.), und geben noch folgende Arterien am Becken ab:

11.11. die umschlungene Darmbeinart. (art. circumflexa ilii) geht unter dem Psoasmuskel (g.), dem großen Lenden= (f.) und Darmbeinmuskel nach außen, und theilt sich in

12. den vordern Ast (ramus anterior), der an die Bauchmuskeln geht, und in

13. den hintern Ast (ramus posterior), welcher über dem kleinen schiefen Bauchmuskel (h. h.) aus dem Becken und an den Spanner der breiten Schenkelbinde geht; aus der Schenkelart. entspringt noch die äußere Saamenart. (6. Fig. 1. Tab. 39.) und die Bauchdeckenarterie (20.).

14.14. Die Beckenart. (arteriae hypogastricae) sind die letzten Aeste der hintern Aorta, und jede giebt folgende Arterien ab:

15.15. die innere Schaamart. (art. pudenda interna),

16.16. die seitliche Kreuzbeinart. (art. sacralis lateralis),

17.17. die Lenden=Darmbeinart. (art. ilio-lumbalis),

die über dem Psoasmuskel und großen Lendenmuskel (f. g.) nach außen geht,

17 b. 17 b. Die Gesäßart. (art. glutaea anterior s. iliaca superior),

18. 18. die äußere umschlungene Backenbeinart. (art. circumflexa femoris externa) und

19. 19. die Verstopfungsart. (art. obturatoria). Am Poupart'schen Bande entspringt aus der Schenkelart. noch

20. die Bauchdeckenart. (art. epigastrica), die sich in

21. die hintere Bauchdeckenart. (art epigastrica posterior), welche am graden Bauchmuskel nach vorn läuft (vergl. f. Fig. 2. Tab. 33.), und in

22. die äußere Schaamarterie (art. pudenda externa) theilt; diese geht bei weiblichen Thieren in das Euter (i.), bei männlichen an die Ruthe und Vorhaut (9. Fig. 1. Tab. 39.).

23. 23. Die mittlere Schwanzart. (art. coccygea hom.) ist unpaarig und entspringt entweder aus der linken oder rechten Seiten-Kreuzbeinarterie;

24. 24. die seitlichen Schwanzarterien (arteriae caudae laterales) entspringen jede aus ihrer seitlichen Kreuzbeinarterie.

Tabula 35.

Figur 1. Die Bauchschlagader mit ihren Aesten, in halber Naturgröße und von oben dargestellt.

1. Die Bauchschlagader (arteria coeliaca) hat einen sehr kurzen Stamm, und theilt sich über dem linken Ende des Magens in drei Aeste, nämlich in die linke Kranzarterie des Magens, in die Leber- und Milzarterie.

2. Die linke Kranzart. des Magens (art. coronaria ventriculi sinistra) verzweigt sich an der untern oder vordern Wand des Magens (1. 1. Fig. 2.). Aus der Leberarterie, bisweilen auch aus der linken Kranzarterie entspringt

3—3. die rechte Kranzarterie des Magens (arteria coronaria ventriculi dextra), die sich an der obern oder hintern Magenwand (c. c.) verzweigt, indem sie zwischen die Muskel= und Schleimhaut (d.) tritt; auch giebt sie Arterien an den rechten Lappen der Bauchspeicheldrüse (h.), unter welcher sie nach rechts läuft. Aus der linken Kranzart. entspringt auch

4. ein Schlundast (ramus oesophageus), der am Schlunde (b.) in die Brusthöhle tritt, und sich mit dem Schlundaste der hintern Aorta verbindet (vergl. 28. Fig. 2. Tab. 27.).

5.5. Die Leberart. (art. hepatica) giebt Zweige an den linken Lappen der Bauchspeicheldrüse (rami pancreatici), und tritt an die Leber (a.), s. 8. Fig. 2.

6.6. Die Milzart. (art. splenica s. lienalis) geht an der großen Krümmung des Magens an die Milz (e. e.), läuft in der Rinne derselben nach rechts, giebt viele Zweige an die Milz, und an das große Netz (f. f.), deren Verlauf Tab 38. Fig. 2. dargestellt ist, uud giebt noch

7.7. die kurzen Arterien des Magens (arteriae ventriculi breves) ab, welche mit den Kranzart. des Magens

8. Anastomosen bilden. Die Fortsetzung der Milzart. ist

9. die linke Magen=Netzart. (art. gastro-epiploica sinistra), die an der großen Krümmung des Magens nach rechts geht, und sich mit

10. der rechten Magen=Netzart. (7. Fig. 2.) verbindet.

Figur 2. Die Verzweigung der Bauchschlagader von unten gesehen.

1. Die linke Kranzart. des Magens (2. Fig. 1.) geht über die kleine Krümmung des Magens neben dem Schlunde (b.), an welchen sie einen Zweig giebt, an die untere oder vordere Wand des Magens (c—c.), und verzweigt sich zwischen der Muskel= und Schleimhaut (d.), wo sie mit den kurzen Arterien (5. 5.) des Magens

2. die Anastomosen bildet.

3. Der Schlundast (ramus oesophageus),

4.4. die Milzart. (6. 6. Fig. 1.) verläuft an der Milz (g. g.),

5.5. die kurzen Arterien des Magens (7. das.),

6. die linke Magen=Netzart. (9. das.),

7.7. die rechte Magen=Netzart. (art. gastro-epiploica dextra) entspringt aus der Magen=Zwölffingerdarmart., geht an der großen Krümmung des Magens von rechts nach links, und verbindet sich mit der vorigen Arterie, indem sie auch Zweige an das große Netz (h.) abgiebt.

8. Die Leberart. (5. Fig. 1.) geht von links nach rechts und giebt ab:
9. den linken Ast oder die eigentliche Leberarterie (ramus sinister arteriae hepaticae), aus welcher
10. Zweige für den rechten und
11. für den mittleren Lappen, die über dem Gallengange (aa.) an die Leber (a.) gehen, und
12. für den linken Lappen abgehen; die Leberarterie giebt ferner ab:
13. Zweige an die Bauchspeicheldrüse (rami pancreatici),
14. die Pförtnerart. (art. pylorica), die an dem Pförtner sich verzweigt, und endlich
15. die Magen-Zwölffingerdarmart. (art. gastroduodenalis) oder den rechten Ast, aus welchem entspringen:
16. ein Zweig an den rechten Leberlappen, (die rechte Magen-Netzart. 7.) und
17. die Bauchspeicheldrüsen-Zwölffingerdarmart. (art. pancreatico-duodenalis), die im mittleren Lappen der Bauchspeicheldrüse (f. f.) an den Zwölffingerdarm (e.) geht, und an diesem mit einem Zweige der vorderen Gekrösart. anastomosirt.

Tabula 36.

Figur 1. Darstellung der Verzweigung der vordern und hintern Gekrösarterie, von unten; auf den vierten Theil verjüngt.

1. Die vordere Gekrösart. (arteria mesenterica anterior s. superior hom.) hat einen kurzen, aber mit dicken Wänden versehenen Stamm, und giebt folgende Arterien ab:

2.2. die Dünndarmarterien (rami intestinales), welche im Gekröse (g. g.) herablaufen, und sich im Zwölffingerdarme (d.), im Leerdarme (e. e.) und in einem Theile des

Hüftdarmes (f.) verzweigen, indem nahe am Darme immer zwei Aeste
3. einen Gefäßbogen (arcus arteriosus) bilden;
4. die vordere Mastdarmart. (art. colica media hom.), welche am vordern Theile des Mastdarmes nach hinten geht, und bei
5. mit der mittleren Mastdarmart. (14.) sich verbindet;
6. die Hüft-Blinddarmart. (art. ilio-colica hom.), die sich in drei Aeste theilt, nämlich in
7. die obere Blinddarmart. (art. intestini coeci superior),
8.8. die untere Blinddarmart. (art. intestini coeci inferior), welche an dem untern Bandstreifen des Blinddarmes (a.a.) bis an die Spitze geht;
9. die Hüftdarmart. (art. ilia) geht am Hüftdarme (f.) hin, und verbindet sich mit dem letzten Dünndarmaste.
10. Die untere Grimmdarmart. (art. colica inferior) und
11. die obere — (— — superior) verlaufen an den beiden Lagen des Grimmdarmes (b—b.), und gehen bei
12. an der hintern Krümmung in einander über.
13. Die hintere Gekrösart. (art. mesenterica posterior s. inferior hom.) theilt sich in
14. die mittlere Mastdarmart. (art. colica sinistra hom.) und in
15. die hintere Mastdarmart. (art. haemorrhoidalis interna hom.); beide laufen im Gekröse des Mastdarmes (h. h.) herab, bilden wie am Dünndarme Bogen, aus welchen die Zweige an den Mastdarm (c. c.) gehen.

Figur 2. Ein Theil des Dünndarmes mit den Arterien, in natürlicher Größe.

1.1. Die Zweige, welche aus den Bogen (3. Fig. 1.) entspringen, und am Darme
2—2. die Anastomosen bilden.

Tabula 37.

Figur 1. Die Arterien an den Geschlechtstheilen der Stute, um die Hälfte verjüngt und von unten dargestellt.

a. **Die innere Saamenart.** (art. spermatica interna) geht im breiten Mutterbande (4.) und über das runde Mutterband (5.) hinweg, und theilt sich in zwei Aeste, von welchen der äußere

b der **Ast für den Eierstock** (ramus ovarii) ist, der sich im Eierstocke (1.) und der Muttertrompete (a 1.) verzweigt (vergl. Fig. 2.), der innere ist

c. der **Ast für die Gebärmutter** (ramus uteri), der an das Horn derselben (2.) geht, und mit der Gebärmutterarter. anastomosirt.

d. **Die Gebärmutterart.** (art. uterina) giebt Zweige an das breite und runde Mutterband (4. 5.), an das Horn und den Körper der Gebärmutter, und verbindet sich bei

e. mit der innern Saamenart., bei

f. mit der Gebärmutterart. der andern Seite, und bei

g. mit der innern Schaamarterie.

h. **Die innere Schaamart.** (art. pudenda interna) giebt zuerst die Nabelart. (art. umbilicalis) ab, welche Zweige an die Harnblase (7.) giebt, und dann geschlossen endigt; dann geht ein Zweig an den Harnleiter (11.), ferner ein starker Ast an den Körper der Gebärmutter (3.), wo er sich mit der Gebärmutterart. bei g. verbindet. Dann gehen Aeste an die Scheide (6.) und Harnröhre, an den Mastdarm (9.) und

i. i. die fortlaufende innere Schaamart. geht aus dem Bekken heraus an die Schaam (8.), an den Kitzler und an den After (10.).

Figur 2. Die innere Saamenarterie der Stute, in natürlicher Größe und von unten gesehen.

a. Die innere Saamenart., liegt im breiten Mutterbande (6.),

b. der Ast für die Gebärmutter (5.),

c. der Ast für den Eierstock (4.), von welchem Zweige an die Fransen (1.) der Muttertrompete (3.) gehen und die äußere Mündung (2.) umgeben.

Figur 3. Die innere Saamenarterie des Hengstes, auf drei Viertel der natürlichen Größe verjüngt.

a. Die innere Saamenart. geht in der Scheidenhaut des Saamenstranges (1. 1.), von welcher die gemeinschaftliche und besondere Scheidenhaut des Hodens (2.) entfernt sind, herab, giebt viele kleine Arterien an sie, eine größere, die den Saamenleiter (5. 5.) begleitet, und bildet über dem Hoden

b. viele Windungen, aus welchen die Arterie wieder heraustritt, und unter dem Nebenhoden (4. 4.) hindurchgehend,

c. die Arterie für den Hoden (3. 3.) abgiebt, welche am untern Rande desselben von links nach rechts läuft und

d. d. die geschlängelten Gefäße an die Substanz des Hodens giebt. Vom rechten Ende des Hodens geht

e. e. die Arterie an den Nebenhoden (4. 4.), an welchem sie nach links läuft und am linken Ende desselben endigt.

Figur 4. Ein Stück vom Hoden des Hengstes, an welchem die Arterien an den Läppchen dargestellt sind; in doppelter Vergrößerung.

Tabula 38.

Figur 1a. Ein Stückchen von der Ohr-Speicheldrüse, mit den Arterien in natürlicher Größe.

Figur 1. Dasselbe Stückchen viermal vergrößert.

1. Ein Arterienzweig, welcher sich auf

2. 2. den Drüsenkörnern (acini) verästelt, und das Blut zur Absonderung des Speichels hinführt.

Figur 2. Die Arterien der Milz und des großen Netzes, in halber Naturgröße.

1.1. Die Milzart. (6. Fig. 1. Tab. 35.) läuft in der Rinne der Milz (a. a.) von links nach rechts, giebt viele
2.2. Zweige in die Substanz der Milz, dann
4—4. die Arterien des großen Netzes (arteriae epiploicae), welche zwischen den Blättern des großen Netzes (b. b.) vielfach unter sich anastomosiren; die Fortsetzung der Milzarterie ist
3. die linke Magen-Netzart. (9. Fig. 1. Tab. 35.).

Figur 3. Ein Stückchen von der Substanz der Milz, in natürlicher Größe,

an welchem die rundlichen Körner oder Bläschen in den fibrösen Zellen dargestellt sind.

Figur 4. Ein Stückchen von der Milzsubstanz doppelt vergrößert, an welchem die Arterien auf den Körnern oder Bläschen dargestellt sind.

Figur 5. Darmzotten aus dem Dünndarme, eilf mal vergrößert.

Die Darmzotten (villi intestinales) sind Fortsätze der innern Haut des Darmes, in welchen die kleinen Blutgefäße ganz deutlich sind.

Figur 6. Darmzotten mit ihren Arterien aus dem Dünndarme des Hundes, eben so stark vergrößert.

Sie sind an den Enden mehr keulenförmig, als die des Pferdes, auch sind sie länger.

Figur 7. Darmzotten mit ihren Arterien aus dem Dünndarm der Ziege, in derselben Vergrößerung,

sind etwas kürzer, aber dicker, als die Darmzotten des Pferdes.

Figur 8a. Ein Stückchen von der Niere, in natürlicher Größe.

Figur 8. Dasselbe 11mal vergrößert.

1. 1. Die Arterienzweige gehen an
2—2. die Malpighi'schen Körperchen, auf welchen sie sich verästeln.

Figur 9. Ein Vorderfuß, von welchem der Huf abgenommen ist; in natürlicher Größe.

1. 1. Die Zotten an der Kronenwulst, welche in die Hornröhrchen am Saume des Hufes eintreten, und deren Arterien das Blut zur Erzeugung des Horns hergeben;
2. 2. die sogenannte Fleischwand, welche aus vielen Blättchen der Lederhaut besteht, die mit den Hornblättchen des Hufes abwechseln, wodurch eine sehr feste Verbindung beider Theile entsteht.

Figur 10. Zwei doppelt vergrößerte Zotten von der Kronenwulst, an welchen die Arterien erkennbar sind.

Figur 11. Ein Stückchen von einem Blättchen der Fleischwand, mit den Arterien,

die ebenfalls zur Hornerzeugung das Blut hinführen.

Figur 12. Die Arterien am Vorderfuße, in natürlicher Größe.

Die Zotten und Fleischblättchen (1. 2. Fig. 9.) sind entfernt worden, um die Arterienzweige, welche zwischen der Leder- und Knochenhaut verlaufen, zu sehen.

1. 1. Die Zweige von der Arterie der Kronenwulst (7. Fig. 8. Tab. 30.) gehen von oben herab, und verbinden sich mit
2. 2. den Zweigen von der Arterie der Fleischsohle (11. Fig. 7. das.), welche durch die Löcher des Hufbeines vorn durchgehen; diese verbinden sich mit
3. der Arterie der Fleischwand (8. Fig. 8. das.).

Figur 13. Die Arterien an der untern Fläche des Pferdefußes, in natürlicher Größe.

1.1. Die Seitenarterien der Zehe (8. Fig. 7. Tab. 30.),
2.2. der Fleischstrahl, dessen Arterienzweige an der linken Seite freigelegt sind,
3. die Fleischsohle, welche an der rechten Seite unverletzt ist, und viele aber kurze Zotten enthält, die in die Hornröhrchen der Hornsohle eindringen;
4. der untere Zweig von der Arterie der Fleischsohle, (11. Fig. 7. Tab. 30.), die sich mit
5. den Zweigen derselben Arterie verbindet, welche durch die Löcher des Hufbeines heraustreten.

Figur 14. Das vordere Stück der männlichen Ruthe, mit Arterien und Venen, in natürlicher Größe und von der linken Seite dargestellt.

1. Das fächrige Gewebe der Ruthe,
2. die vordere Fläche der Eichel,
3. das vordere Ende der Harnröhre,
4. ein Ast der äußern Schaamart. (9. Fig. 1. Tab. 39), von welchem
5. ein Zweig in den schwammigen Körper der Ruthe (1.),
6. ein anderer an die Vorhaut geht; der fortlaufende Ast endigt im schwammigen Körper der Eichel.
7.7. Die Venen des schwammigen Körpers der Eichel, und
8. die Venen des schwammigen Körpers der Harnröhre, die mit jenen in Verbindung stehen.

Tabula 39.

Figur 1. Die rechte Schenkel- und Beckenarterie, auf den dritten Theil verjüngt; von der innern Seite.

1. Das hintere Ende der Bauchaorta,
2.2. die Schenkelart. (10. Fig. 2. Tab. 34.) geht über

dem Poupart'schen Bande (k.) aus dem Becken heraus, und giebt bis dahin folgende Arterien ab:

3. die umschlungene Darmbeinart. (11. das.), die sich in
4. den vordern Ast (12. das.), und in
5. den hintern Ast (13. das.) theilt;
6.6. die äußere Saamenart. (art. spermatica externa) giebt einige Zweige an das Bauchfell, geht am Hodenmuskel herab, und tritt über dem Bauchringe (a.) heraus;
7. die Bauchdeckenart. (20. das.) geht unter dem Poupart'schen Bande (k.) hinweg, giebt zuerst einen unbenannten Zweig ab, dann
8. die hintere Bauchdeckenart. (21. das.), und
9.9. die äußere Schaamart. (art. pudenda externa), welche sich beim männlichen Thiere mit mehreren Zweigen in der Ruthe (g.) und in der Vorhaut verzweigt;
10. die linke äußere Schaamart. (abgeschnitten).
11. Die innere Saamenart. (8. das. und Tab. 37. Fig. 3.) ist bei dem Wallachen sehr dünn, weil der Hode fehlt.
12. Die Beckenart. (14. Fig. 2. Tab. 34.) theilt sich in folgende Aeste:
13. die innere Schaamart. (art. pudenda interna), aus welcher
14. die Nabelart. (art. umbilicalis) entspringt, die bei dem Fötus das Blut zum Mutterkuchen führt, bei dem erwachsenen Thiere aber am Grunde der Harnblase geschlossen ist, und Zweige an die Harnblase (e.) giebt; sie kreuzt sich mit dem Saamenleiter (b.) und mit dem Harnleiter (f.);
15.15. die innere Schaamart. geht im Becken nach hinten, giebt Zweige an die Vorsteherdrüse (d.), an die Cowper'sche Drüse (dd.), anastomosirt mit der Verstopfungsart. (18.); und endigt im schwammigen Körper der Harnröhre; in der Mitte des Beckens giebt sie noch
16. die innere Mastdarmart. (art. haemorrhoidalis media hom.) ab, die an die Harnblase (e.), an das Saamenbläschen (c.), an die Vorsteherdrüse (d.) und an den Mastdarm (c.c.) Zweige giebt.
17. Der hintere Theil der linken innern Schaamart., der sich im schwammigen Körper der Harnröhre (i.) verzweigt.
18.18. Die Verstopfungsart. (art. obturatoria) geht durch das eirunde Loch, giebt vorher einen Zweig an die Harnblase (e.), und theilt sich am Sitzbeine in einen

vordern und hintern Ast, die in die Muskeln und in den schwammigen Körper der Ruthe (g. h.) gehen.

19. Die Lenden=Darmbeinart. (17 Fig. 2. Tab. 34.),
20. die Gesäßart. (1. Fig. 2. Tab. 109.),
21. die äußere umschlungene Backenbeinart. (18. das.) geht an die Muskeln an der äußern Seite des Backenbeines;
22. die Seiten=Kreuzbeinart. (s. 22. Fig. 2.).
23.23. Die innere Hautart. (art. subcutanea interna s. saphena) entspringt aus der Schenkelart., geht zwischen dem dünnen (m.) und breiten Einwärtszieher des Schenkelbeines (n.) hervor, über den letzteren Muskel herab, und verbindet sich mit
25. der zurücklaufenden Schenkelbeinart. (art. recurrens tibialis), die ein Ast
24. der innern Sprunggelenkart. (art. malleolaris interna) ist.

Figur 2. Die Verzweigung der rechten Schenkelarterie und einiger Aeste der Beckenarterie, von der innern Seite gesehen.

1. Die Bauchaorta,
2.2. die Schenkelarterie (10. Fig. 2. Tab. 34.) geht am Psoas= (a.) und kleinen Lendenmuskel (b.) aus dem Becken, und giebt außerhalb desselben ab:
3. die vordere Backenbeinart. (art. femoris anterior), sie geht unter dem dünnen Einwärtszieher des Schenkelbeines (c. c.) nach vorn an die Schenkelmuskeln;
4—4. Muskelzweige (rami musculares), welche an die vordern und hintern Muskeln am Backenbeine gehen; dann durchbohrt die Schenkelart. den dicken Einwärtszieher des Backenbeines (f.), und tritt in die Kniekehle, wo sie den Namen ändert, vorher aber noch einen starken Ast abgiebt, der an den dicken (m.) und langen (n.) Einwärtszieher des Schenkelbeines geht. Bei dem Austritt aus dem Becken entspringt noch aus ihr
5. die tiefe Backenbeinart. (art. femoris profunda), die unter dem breiten Einwärtszieher des Schenkelbeines (d. d.), der hier zurückgeschlagen ist, und unter dem mittleren Einwärtszieher des Backenbeines (e.) in die Tiefe geht, und sich in

6. die innere umschlungene Backenbeinart. (art. circumflexa femoris interna), und in
7. die fortlaufende tiefe Backenbeinart. theilt, die sich in den Muskeln an der hintern Fläche des Backenbeines verzweigt.
8. Die Kniekehlenart. (art. poplitaea) liegt zwischen den Knopffortsätzen des Backenbeines, und wird von dem äußern (g.) und innern (h.) Zwillingsmuskel, der hier abgeschnitten und zur Seite gelegt ist, bedeckt; sie theilt sich bald in die vordere Schenkelbeinart. (7. Fig. 2. Tab. 40.), und in
9, 9. die hintere Schenkelbeinart. (art. tibialis postica); diese geht am Schenkelbeine herab, wird vom Kniekehlenmuskel (m.) und dünnen Beuger des Hufbeines (n.) bedeckt, und spaltet sich am Sprunggelenke in
10. die äußere Sprunggelenkart. (art. malleolaris externa) und in
11. die innere Sprunggelenkart. (art. malleolaris interna), aus welcher
12. die Gelenkzweige (rami articulares) und
13. die zurücklaufende Schenkelbeinart. (25. Fig. 1.) entspringen; mit dieser Arterie verbindet sich
14. die innere hintere Hautart. (art. subcutanea interna posterior), welche aus dem hintern Aste der Schenkelart. entspringt, und am Beuger des Kronenbeines (i. i.) herabläuft.

Die Aeste der Beckenart. sind:

15. die Seiten-Kreuzbeinarterie,
16. die innere Schaamart.,
17. die Gesäßart.,
18. die Lenden-Darmbeinart.,
19. 19. die Verstopfungsart., deren hinterer Ast sich in den Muskeln am Becken verzweigt;
20. die äußere umschlungene Backenbeinarterie.
21. Die umschlungene Darmbeinart. ist abgeschnitten.
22. Die linke Seiten-Kreuzbeinart. theilt sich in die Sitzbeinart. (2. Fig. 2. Tab. 40.) und in
23. die seitliche Schwanzart. (art. caudae lateralis), die an dem Seitenrande des Schwanzes herabläuft, und auch an die obere Fläche einen starken Zweig abgiebt.

Tabula 40.

Figur A. Der rechte Hinterfuß, als Fortsetzung von Figur 2. Tab. 39.

1. 1. Die vordere innere Zwischenknochenart. (arteria interossea dorsalis interna) ist ein Zweig der innern Sprunggelenkart., und läuft zwischen dem innern Griffelbeine und Schienbeine herab.
2. 2. die innere zurücklaufende Schienbeinarterie (art. metatarsea recurrens interna) verbindet die innere Sprunggelenkart. mit
3. der innern Seitenart. der Zehe, welche wie am Vorderfuße verläuft, und aus welcher
4. die vordere Fesselbeinart. u. s. w. entspringt.

a. Die Sehne des Kronenbeinbeugers,
b. die — — Hufbeinbeugers,
c. die — — Fesselbeinbeugers,
d. der innere wurmförmige Muskel,
e. die Sehne des Hufbeinstreckers,
f. der Hufbeinknorpel,
g. der Huf.

Figur 2. Die Arterien an der linken hintern Gliedmaaße, von der äußern Seite gesehen.

1. Die Gesäßarterie (arteria glutaea anterior s. superior hom.) ist ein Ast der Beckenart., und verzweigt sich in dem dicken Backenmuskel (a.);
2. 2. die Sitzbeinart. (art. glutaea posterior s. ischiadiaca) ist ein Ast der Seiten-Kreuzbeinart., und verzweigt sich in dem langen Auswärtszieher (c. c.) und im langen Einwärtszieher (f. f.) des Schenkelbeines.
3. Die äußere umschlungene Backenbeinart. (art. circumflexa femoris externa) ist auch ein Ast der Beckenart., und verzweigt sich im Spanner der breiten Schenkelbinde (b.), im äußern Backenmuskel (aa.) und in den Schenkelmuskeln.
4. Das Ende der tiefen Backenbeinart. (5. Fig. 2. Tab. 39.);

5.5. die äußere hintere Hautart. (art. subcutanea externa posterior) entspringt aus dem letzten hintern Äste der Schenkelart., der sich in dem kurzen (d.) und mittleren Auswärtszieher des Schenkelbeines (e.) verzweigt, und verbindet sich mit einem zurücklaufenden Zweige der äußern Sprunggelenkart. (11.).

6. Zweige der Kniekehlenart. für den dicken Beuger (g.) und den seilichen Strecker (h.) des Hufbeines;

7. die vordere Schenkelbeinart. (art. tibialis antica) ist der stärkere der beiden Aeste der Kniekehlenart., welcher zwischen dem Waden- und Schenkelbeine durchgeht, vom Beuger des Schienbeines (i.) und vom vordern Strekker des Hufbeines (k.) bedeckt wird, am Schenkelbeine herabgeht, und am untern Ende desselben sich in

8.8. die große Schienbeinart. (art. plantaris externa) und in

9. die kleine Schienbeinart. (2. Fig. 4.) theilt, welche zwischen den Knochen des Sprunggelenkes nach hinten durchgeht. In der Mitte des Unterschenkels entspringt

10. die Wadenbeinart. (art. peronaea), die sich im seitlichen Strecker (h.) und im dicken Beuger (g.) des Hufbeines verzweigt.

11. Die äußere Sprunggelenkart. (10. Fig. 2. Tab. 39.) giebt Zweige an das Gelenk, und nimmt

12. die äußere zurücklaufende Schienbeinarterie (art. recurrens metatarsea externa) auf.

Figur 3. Arterien am linken Hinterfuße, als Fortsetzung von Figur 2.

8. Die große Schienbeinart. (8. Fig. 2.) vertritt hier die Stelle der vordern äußern Zwischenknochenart., läuft zwischen dem äußern Griffelbeine und dem Schienbeine herab, und tritt dann an die hintere Fläche, um den Sohlenbogen zu bilden (3. Fig. 4.);

12. die äußere zurücklaufende Schienbeinart. (12. Fig. 2.) entspringt aus der großen Schienbeinart.;

13.13. die äußere Seitenart. der Zehe, welche Zweige an die Haut (l.) und

14. die vordere Fesselbeinart. u. s. w., wie am Vorderfuße, abgiebt.

Figur 4. Die Arterien am linken Hinterfuße, von hinten gesehen.

1. 1. Die hintere äußere Zwischenknochenart. (art. interossea plantaris externa) entspringt aus der innern Sprunggelenkart. (11. Fig. 2. Tab. 39.), geht am äußern Griffelbeine herab, und in die große Schienbeinart. über;
2. 2. die hintere innere Zwischenknochenart. oder kleine Schienbeinart. (art. interossea plantaris interna) entspringt aus der vordern Schenkelbeinart. (9. Fig. 2.); diese und die vorige Arterie werden vom Beuger des Fesselbeines (a.), welcher durchgeschnitten, und zur Seite gelegt ist, bedeckt, und beide verbinden sich mit der von vorn herkommenden großen Schienbeinart. zum
3. Sohlenbogen (arcus plantaris), aus welchem
4. 4. die beiden Seitenarterien der Zehe entspringen, deren Zweige von dem untern Gleichbeinbande (b. b.) und von der Sehne des Hufbeinbeugers (c.) bedeckt werden.

Tabula 41.

Figur 1. Die oberflächlichen Venen am Kopfe und Halse, an der rechten Seite.

1. 1. Die Drosselvene (vena jugularis externa) wird vom Hals-Hautmuskel (a. a), welcher hier durchgeschnitten ist, bedeckt, und durch den Schulter-Zungenbeinmuskel (b.) von der Drosselart. getrennt; sie geht in der Rinne zwischen dem gemeinschaftlichen Muskel und der Luftröhre (c.) herab, und nimmt am untern Ende der Ohrspeicheldrüse (d.) die äußere Kinnbackenvene (q.) und
2. die innere Kinnbackenvene (vena facialis posterior hom.) auf; diese wird zusammengesetzt aus:
3. der großen Ohrvene (vena auricularis posterior hom.),
4. der äußern Kaumuskelvene (vena masseterica), und aus
5. der Schläfenvene (v. temporalis), die aus
6. der hintern Schläfenv. (v. temporalis posterior) und
7. der eigentlichen Schläfenvene (v. transversa faciei) besteht, diese verbindet sich bei

8. mit der äußern Kinnbackenvene. Alle verlaufen so, wie die gleichnamigen Arterien (vergl. Tab. 96. Fig. 1.).
9. Die äußere Kinnbackenvene (v. facialis anterior hom.) nimmt
10. die Gesichts- oder Lippenvene (vena labialis) auf, welche folgende Venen empfängt:
10. 10. die Kranzvene der Oberlippe (v. coronaria labii superioris),
11. die Maulwinkelvene (v. anguli oris),
12. die Kranzvene der Unterlippe (v. coronaria labii inferioris); diese drei Venen bilden einen Stamm, der sich tiefer mit der Lippenvene verbindet, als die Arterien abgehen;
13. die Augenwinkelvene (v. angularis),
14. die Vene des falschen Nasenloches oder die Vene des Nasenrückens (v. tubae nasalis s. dorsalis nasi) bilden den Anfang der Gesichts- oder Lippenvene.

Figur 2. Darstellung der großen Venenstämme in der Brusthöhle, von der rechten Seite.

1. Die vordere Hohlvene (vena cava anterior s. superior hom.) geht vom ersten Rippenpaare, zwischen welchem sie durch ein Band (n.) an das Brustbein befestigt wird, bis in den rechten Vorhof des Herzens, und nimmt folgende Venen auf:
2. einen Stamm, welcher aus
3. der vordern Zwischenrippenvene (v. intercostalis anterior), die über dem innern Beuger des Halses (e.) verläuft, und
4. der querlaufende Schulterblattvene (v. transversa scapulae) gebildet ist, die beide den gleichnamigen Arterien entsprechen, dann aus
5. der tiefen Nackenvene (v. cervicalis profunda) zusammengesetzt ist; diese empfängt
6. die querlaufende Nackenvene (v. transversa cervicis), die aus mehreren Aesten besteht, und mit 4. anastomosirt, und
7. die herabsteigende Nackenvene (v. cervicalis posterior descendens), welche ebenfalls den gleichnamigen Arterien entsprechen;
8. die äußere Wirbelvene (v. vertebralis externa) tritt zwischen dem obern (a.) und untern (b.) Rippenhalter aus der Tiefe hervor;

9. die Achselvene (v. axillaris), neben welcher
10. die vordere Hautvene (v. cephalica) in die Drosselvene (11.) mündet;
10*. die untere Halsvene (v. cervicalis descendens), welche vom gemeinschaftlichen Muskel (a.) und vom Brust-Kinnbackenmuskel (d.) Zweige aufnimmt, und sich in
11. die Drosselvene (1. Fig. 1.) ergießt, die aber hier von der Luftröhre beträchtlich entfernt liegt, indem die Arterien den Raum zwischen beiden einnehmen. Die vordere Hohlvene nimmt endlich noch
12—12. die unpaare Vene (v. azygos) auf, welche, aus der Bauchhöhle kommend, an der rechten Seite der Wirbelsäule nach vorn läuft, und
13.13. die fünfte bis achtzehnte Zwischenrippenvene (venae intercostales) der rechten Seite, und auch die fünfte bis neunte der linken Seite aufnimmt, in welche sich
14.14. die Rückenmarksvenen (v. spinales) ergießen, indem sie durch Löcher der Wirbelkörper aus dem Kanale heraustreten; ferner gehen zur unpaaren Vene:
15. die Schlundvene (v. oesophagea), die am Schlunde (h.) nach vorn läuft,
16. die Luftröhrenastvene (v. bronchialis), die hier am linken Aste (g.) dargestellt ist, denn der rechte Luftröhrenast (f.) und die rechte Lunge sind abgeschnitten; endlich geht auch die halb unpaare Vene (20.) in die unpaare.
17. Die hintere Hohlvene (v. cava posterior s. inferior hom.) kommt aus der Bauchhöhle, tritt durch das Zwerchfell (m.), und nimmt
18. die vordere Zwerchfellsvene (v. phrenica anterior) und
19. die hinteren Mittelfellvenen (venae mediastini posterioris) auf; sie geht, an der rechten Seite der Lungenvenen (k. l.) liegend, in den rechten Vorhof.
20. Die halb unpaare Vene (v. hemi-azygos) kommt von der linken Seite, und geht zwischen der hintern Aorta (i.) und der Wirbelsäule hindurch in die unpaare Vene.
21. Der Milch-Brustgang (ductus thoracicus) ist der Hauptstamm der Lymphgefäße.

Tabula 42.

Figur 1. Die tiefer liegenden Venen am Kopfe, von der rechten Seite gesehen.

Die Antlitzmuskeln, der äußere Kaumuskel, der Gelenk- und Kronenfortsatz des Unterkiefers und der Jochbogen sind entfernt worden.

1. Die Drosselvene,
2. die innere Kiefervene, die in der Ohr-Speicheldrüse (a.a.) herabgeht und
3. einen Venenstamm aufnimmt, welcher aus der Hinterhaupts- und untern Gehirnvene (s. 5. 6. Fig. 2.) zusammengesetzt ist;
4. die große Ohrvene (3. Fig. 1. Tab. 41.),
5. die Schläfenvene (5. das.),
6. die hintere Schläfenvene (6. das.), an
7.7. der eigentlichen Schläfenvene (7, das.) fehlt ein Theil, der mit dem äußern Kaumuskel hinweggenommen ist; sie nimmt eine Vene aus dem Fett (f.) auf.
8. Die äußere Kaumuskelvene (4. das.) ist abgeschnitten;
9.9. der tiefe Ast der innern Kiefervene oder der untere Verbindungsast (ramus profundus venae facialis posterioris s. ramus communicans inferior) verbindet die Antlitzvene (15.) mit der innern Kiefer- oder hintern Gesichtsvene, und nimmt
10. die untere Zahnvene (v. alveolaris inferior), die aus dem Kanal des Unterkiefers kommt, nebst einigen Zweigen vom innern Kaumuskel (d.) auf; dann empfängt derselbe noch
11. die tiefen Schläfenvenen (venae temporales profundae), die vom Schläfenmuskel (e.) das Blut herableiten; endlich tritt noch
12. eine oberflächliche Wangenvene (ramus buccalis superficialis) hinzu, die im Backenzahnmuskel (g.) entspringt.
13. Der tiefe Ast der Antlitzvene oder der obere Verbindungsast (ramus profundus venae facialis anterioris s. ramus communicans superior) entspringt in der Augenhöhle (s. Tab. 43. Fig. 1.), und geht unter der eigentlichen Schläfenvene in die Antlitz- oder Lippenvene.

14. Die äußere Kiefervene (9. Fig. 1. Tab. 41.),
15. die Antlitz- oder Lippenvene (10. das.),
16. die Vene der Ober- und Unterlippe (11. 12. das.),
17. die Vene des Nasenrückens oder des falschen Nasenloches (14. das.),
18. die Augenwinkelvene (13. das.).

Figur 2. Die tiefer liegenden Venen am Kopfe und Halse, von der rechten Seite gesehen.

Der rechte Ast des Unterkiefers ist hinweggenommen, die Wangenhaut und der äußere Kaumuskel sind zurückgeschlagen.

1. Die Drosselvene,
2. die äußere Kiefervene und
3. 3. die innere — schließen die Ohrspeicheldrüse (b.) ein; zur innern Kiefervene treten folgende Venen hinzu:
4. ein Venenstamm, welcher über die Unterkieferdrüse (a.) herabgeht, und aus
5. der Hinterhauptsvene (vena occipitalis), die vom Hinterhaupte und dem Atlas das Blut zurückführt, und aus
6. der untern Gehirnvene (vena cerebralis inferior) besteht; diese tritt durch das gerissene Loch aus der Schädelhöhle.
7. Die große Ohrvene (3. Fig. 1. Tab. 41.),
8. die Schläfenvene (5. das.), ist oben abgeschnitten.
9. Die tiefen Schläfenvenen (11. Fig. 1.) kommen vom Schläfenmuskel (d.);
10. 10. die Antlitz- oder Lippenvene (10. Fig. 1. Tab. 41.) ist durchgeschnitten, und mit
11. 11. dem Wangengeflecht (plexus venosus buccalis) verbunden; dieses kommt aus den Muskeln und der Schleimhaut der Wange, und geht in
12. den untern Verbindungsast (9. Fig. 1.) über, der unter dem äußern Kaumuskel (e.) aufwärts steigt, und noch
13. die untere Zahnvene (10. Fig. 1.), welche am Kanal abgeschnitten ist,

13b. die innere Kaumuskelvene (ramus pterygoideus), und

14. die Vene des Zungenrückens (vena dorsalis linguae) aufnimmt, diese verbindet sich durch Verbindungszweige mit der Unterzungenvene (16.).

15. 15. Die Zungenvene (v. lingualis) geht mit zwei Aesten aus der Zunge (f) hervor, und endigt in der äußern Kiefervene (2.);
16. die Unterzungenvene (v. sublingualis) verläuft über der Unterzungendrüse (g.) und über dem breiten Zungenbeinmuskel (h.), verbindet sich mit der Vene des Zungenrückens (14.) und mit
17. 17. der Unter-Kinnvene (v. submentalis), die unter dem zweibäuchigen Muskel (i.) rückwärts geht, mit zwei Zweigen in der Zungenvene (15.) und in der Antlitzvene (10.) mündet, vorher aber einen Zweig an
18. die äußere Kaumuskelvene (welche abgeschnitten ist) abgiebt.
19. 19. Die äußere Wirbelvene (vena vertebralis externa) läuft durch die Löcher der Halswirbel herab, und mündet in die vordere Hohlvene (8. Fig. 2. Tab. 41.).

Figur 3. Die Hirnschädelgrundfläche und die ersten Halswirbel, mit den Hinterhaupts-Blutleitern, von unten dargestellt.

a. a. Der Oberkiefer,
b. der linke Knopffortsatz des Hinterhauptsbeines,
c. die linke Hälfte des Grundstückes desselben Knochens; die rechte Hälfte und der rechte Knopffortsatz sind hinweggenommen worden, so daß die harte Hirnhaut frei liegt.
d. Der Zahnfortsatz des zweiten Halswirbels,
e. die Flügel des Atlats, von welchem der Körper weggeschnitten ist;
f. die linke Ohrtrompete,
g. der lange Beuger des Halses, oben abgeschnitten.
1. 1. Der Verbindungsast der Augenvenen und der unteren Hinterhauptsblutleiter, welcher durch das Flügelloch des Keilbeines nach hinten und in
2. 2. die untern Hinterhauptsblutleiter (sinus occipitales inferiores) übergeht; diese ergießen sich in die innere Wirbelvene (s. 1. Fig. 4.). Vor dem Knopffortsatze entspringt aus dem Verbindungsaste
3. 3. die untere Gehirnvene (6. Fig 2.).

Figur 4. Die Wirbelvenen, von oben gesehen.

a a. a. Das Hinterhauptsbein,
b. b. die Felsenbeine,
c. der erste Halswirbel,
d. e. der zweite bis siebente Halswirbel; von allen Wirbeln sind die Bogen abgesägt, um
f. den Wirbelkanal zu sehen.
1. Die unteren Hinterhauptsblutleiter (2. Fig. 3.) ergießen sich in die inneren Wirbelvenen (3. 3.), und geben vorher
2. 2. die Hinterhauptsvenen (5. Fig. 2.) ab, welche durch die vordern Löcher des Atlas heraustreten;
3—3. die innern Wirbelvenen (venae vertebrales internae) laufen durch den ganzen Wirbelkanal, an jeder Seite des obern langen Bandes, und ergießen sich am Halse durch die Zwischenwirbellöcher in
4—4. die äußere Wirbelvene (8. Fig 2. Tab. 41.), die in den Wirbellöchern der Querfortsätze herabläuft.

Tabula 43.

Figur 1. Die tiefen Venen am Kopfe und Halse, von der rechten Seite.

Die Augenhöhle ist geöffnet, der Unterkiefer entfernt worden, die Zunge ist gewendet, und die Nackenmuskeln sind auf der linken Seite abgeschnitten.

1. 1. Die Drosselvene, zur Seite gelegt;
2. 2. die Luftröhren- und Schlundvenen,
3. die innere Kiefervene,
4. die obere und untere Schilddrüsenvene (vena thyreoidea superior et inferior), die aus der Schilddrüse (a.), dem Schlundkopfe und Kehlkopfe entspringen.
5. Der Stamm, welcher aus
6. der Hinterhauptsvene und
7. der untern Gehirnvene zusammengesetzt ist (s. Tab. 42. Fig. 2.);
8. Die große Ohrvene,
9. die Schläfenvene mit der obern Gehirnvene (s. Fig. 5.),
10. der untere Verbindungsast (8—10. sind abgeschnitten);
11. der Verbindungsast der Augenvenen und der untern Hinterhauptsblutleiter (1. Fig. 3. Tab. 42.), welcher durch das Flügelloch des Keilbeines nach hinten geht, und sich mit dem untern Verbindungsaste vereinigt, vorher aber

11 b. eine tiefe Schläfenvene aufnimmt.
12. Die **Augenvenen** (venae ophthalmicae) ergießen sich in 11. und in den obern Verbindungsast (15);
13. die **Unteraugenhöhlen- und obere Zahnvene** (vena infraorbitalis et alveolaris superior) münden vereinigt mit
14. der hintern Nasenvene (Fig. 3.), in
15. dem obern Verbindungsaste (13. Fig. 1. Tab. 42.), welcher auch
16. die **Gaumenvene** (vena pterygo-palatina) aufnimmt; s. Fig. 2.
17. Die Zungenvene (15. Fig. 2. Tab. 42.) geht unter der Unterkieferdrüse (b.) mit der Antlitzvene zusammen;
18. die herabsteigende Nackenvene (7. Fig. 2. Tab. 41.) der linken Seite, die am großen durchflochtenen Muskel herabgeht.

Figur 2. Die linke Gaumenvene, von unten gesehen; $^2/_3$ der natürlichen Größe.

Sie bildet ein Gefäßnetz zwischen der Gaumenhaut und dem knöchernen Gaumen, und geht in den obern Verbindungsast über (16. Fig. 1.).

Figur 3. Die Venen der rechten Nasenhöhle, von der Seite gesehen; halbe Naturgröße.

1. Der **äußere Ast der hintern Nasenvene** (vena spheno-palatina) kommt von den Nasenmuscheln, und verbindet sich mit
2. dem innern Aste (Fig. 4.), der an der Nasenscheidewand entspringt.

Figur 4. Die Venen der Nasenscheidewand, von der rechten Seite.

1. Der innere Ast der hintern Nasenvene (2. Fig. 3.),
2.2. die obere Nasen- oder Siebbeinvene geht durch das Siebbeinloch in die Augenhöhle.

Figur 5. Die oberen Blutleiter des Gehirns, von der linken Seite gesehen; in halber Naturgröße.

1.1. Der obere Längenblutleiter (s. Fig. 6.) liegt am Sichelfortsatze der harten Hirnhaut, ist aufgeschnitten, und nimmt

2.2. die Venen der beiden Halbkugeln des großen Gehirns auf (die der rechten Halbkugel sind von den Gehirnhäuten bedeckt.

3.3. Der obere Felsenbeinblutleiter (sinus petrosus superior) verbindet sich mit dem Längenblutleiter, und geht durch

4. den vierten Blutleiter (sinus quartus) in

5. den Querblutleiter (sinus transversus) über; dieser liegt im Hirnzelte, nimmt die Venen des kleinen Gehirns auf, und geht durch den Schläfenkanal in

6. die obere Gehirnvene (vena cerebralis superior), welche sich mit der hintern Schläfenvene verbindet.

Figur 6. Die Längenblutleiter und innern Gehirnvenen, von der linken Seite, und in natürlicher Größe dargestellt.

1.1. Der obere Längenblutleiter (sinus longitudinalis superior) läuft zwischen den beiden Halbkugeln des großen Gehirns nach hinten (s. 1. Fig. 5.), und nimmt

2.2. den untern Längenblutleiter (sinus longitudinalis inferior) auf, der von der innern Fläche (n.) der Halbkugeln die Venen empfängt. Mit ihm verbindet sich

3. die große innere Gehirnvene, welche aus der Vene des Hirnbalkens (c.),

4. der Vene des gestreiften Körpers (e.) und

5.5. der Vene des Adergeflechtes gebildet ist, zu welchen die Venen des Ammonshornes (d.), der Zirbel (f.) und der Vierhügel (g.) hinzutreten;

6. die oberen Rückenmarksvenen (venae spinales superiores).

b. Die Riechnervenknollen,

h. das Mark der linken Halbkugel,

i. das kleine Gehirn, von den Häuten bedeckt,

n. das knöcherne Zelt.

Tabula 44.

(Der Maasstab ist $\frac{1}{3}$ der natürlichen Größe.)

Figur 1. Die Hautvenen und Lymphgefäße am rechten Vorderschenkel, von vorn gesehen.

1. 1. Die innere Hautvene oder Hauptader (vena cephalica) entspringt im tiefen Bogen, begleitet bis zum Vorderknie die große Schienbeinarterie, und nähert sich dann der vordern Fläche der Speiche, wo sie am Gelenk sich in
3. die fortlaufende innere Hauptvene, und in
4. die Mittelvene (v. mediana) theilt. Jene nimmt noch
2. eine Vene auf, die mit zwei Aesten am Vorderknie entspringt, und der v. cephalica pollicis und v. salvatella des Menschen entspricht.
5. Die fortlaufende innere Hautvene geht zwischen dem breiten Brustmuskel (a.) und dem gemeinschaftlichen Kopf-, Hals- und Armbeinmuskel (b.) aufwärts, empfängt
6. einen Zweig von diesem und
7. einen Zweig von jenem Muskel, und sie ergießt sich dann in die Drosselvene.

7b. Der Ursprung der äußern Zwischenknochenvene (5. Fig. 4.).

8. 8. Die Lymphgefäße, welche die innere Hautvene begleiten (vasa lymphatica cephalica),
9. 9. die Lymphgefäße, welche den vordern äußern Hautzweig begleiten.

Figur 2. Die tiefen Venen am linken Vorderschenkel, von der innern Seite dargestellt.

1. Die Achselvene (vena axillaris),
2. die vordere Schultervene (v. acromialis),
3. die Unter-Schultervene (v. subscapularis), welche ganz den Arterien entsprechen;
4. 4. die äußere Brustvene oder Sporader (v. thoracica externa) entspringt im großen Brustmuskel (a. a.), im Bauchhautmuskel (b.), und geht mit einem Aste in

die Armvene (6.), indem er sich mit zwei anderen Aesten vom breiten Rückenmuskel, vom Bauchhautmuskel (b.) und vom langen Strecker des Vorarmes (c.) verbunden hat; mit dem andern geht sie in die Achselvene, welche auch noch

5. einen Ast aus dem großen (a.) und kleinen Brustmuskel (d.) erhält.
6. Die Armvene (v. brachialis),
7. die tiefe Armvene (v. brachii profunda),
8. die vordere umschlungene Armbeinvene (vena circumflexa humeri anterior),
9. die obere,
10. 10. die untere Seitenvene des Ellenbogens (v. collateralis ulnaris superior et inferior),
11. die Ellenbogenvene (v. ulnaris), wie die Arterien.
12. 12. Die innere Hautvene (1. Fig. 1.),
12b. die Mittelvene (4. das.) mündet in die Armvene.
13. 13. Die Speichenvene (v. radialis), welche einige Aeste
14. der äußern Zwischenknochenvene (v. interossea externa) und
15. der hintern äußern Zwischenknochenvene (v. interossea volaris externa) aufnimmt.

Figur 3. Die Venen am linken Vorderfuße von der innern Seite gesehen. (Fortsetzung von Fig. 2.)

Der Huf ist bis zur Hälfte hinweggenommen, und das Venengeflecht an der Fleischwand und am Hufbeinknorpel dargestellt, aus welchem die Seitenvene der Zehe entspringt.

Figur 4. Die Venen an dem linken Vorderschenkel, von der äußern Seite gesehen.

1. Die Unterschultervene (3. Fig. 2.),
2. die umschlungene Schultervene (v. circumflexa scapulae),
3. die tiefe Armvene (7. Fig. 2.),
4. die Ellenbogenvene (11. das.), mit welchen sich der stärkere Ast
5. der äußern Zwischenknochenvene (14. das.) verbindet;
6. 6. die untere Seitenvene des Ellenbogens (10. 10. das.).

Figur 5. Die Venen am linken Vorderfuße von der äußern Seite gesehen. (Fortsetzung von Fig. 4.)

Der Huf ist nicht so weit abgenommen, wie bei Fig. 3., übrigens verhalten sich die Gefäße eben so.

Tabula 45.

Figur 1. Die tiefen Venen am rechten Vorderfuße, $\frac{1}{3}$ der natürlichen Größe; von hinten gesehen.

Alle Muskeln, bis auf einige Sehnen, sind entfernt worden.

1. Die hintere Kniebogenvene (vena carpi volaris) entspringt in den Bändern der Vorder-Fußwurzel, und endigt in der Speichenvene.

2.2. Die Seitenvenen der Zehe (venae digiti laterales) nehmen

3. die hintern Kronenbeinvenen (venae phalangis secundae volares),

4. die hintern Fesselbeinvenen (venae phalangis primae volares) auf, und treten dann über den Sesambeinen (a.) zusammen, um

5. den tiefen Bogen (arcus volaris profundus) zu bilden, welcher vom Beuger des Fesselbeines (b.) bedeckt wird (dieser ist durchgeschnitten).

Aus dem tiefen Bogen entspringen:

6. die hintere innere Zwischenknochenvene (vena interossea volaris interna), die am innern Griffelbeine, und

7. die hintere äußere Zwischenknochenvene (vena interossea volaris externa), die am äußern Griffelbeine aufwärts steigt; jede besteht aus zwei Aesten, die durch

8.8. Verbindungszweige (rami communicantes) verbunden sind.

Figur 2. Die Venen der Fleischsohle, um die Hälfte verjüngt; von unten gesehen.

Sie bilden ein Gefäßnetz, welches zwischen der Leder- und Knochenhaut liegt, und sind mit den Venen der Fleischwand verbunden; aus ihnen werden die Seitenvenen der Zehe (2. Fig. 1.) zusammengesetzt.

Figur 3. Darstellung des Bauchtheiles der hintern Hohlvene, von unten; $\frac{1}{3}$ der natürlichen Größe.

Alle Verdauungs-Eingeweide sind aus der Bauchhöhle entfernt worden; der linke Eierstock und die Gebärmutter sind auf die rechte Seite gelegt, so daß die obere Fläche derselben sichtbar ist.

1.1. Die **hintere Hohlvene** (vena cava posterior s. inferior hom.) liegt an der rechten Seite der Lendenwirbelkörper, und fängt am Becken, durch die Vereinigung
2.2. der **Darmbeinvenen** (venae iliacae) an, von welchen jede aus der Vereinigung
3. der **Beckenvene** (vena hypogastrica) und
4. der **Schenkelvene** (v. cruralis) entsteht. Diese nimmt
5. die **Lenden-Darmbeinvenen** (v. v. ilio-lumbales),
6. die **äußern umschlungenen Backenbeinvenen** (v. v. circumflexae femoris externae) auf, und beide werden von dem Psoas- (a.), dem großen Lenden- (b.), und Darmbeinmuskel (c.), welche hier durchgeschnitten sind, bedeckt; auch
7. die **Verstopfungsvene** (vena obturatoria) mündet in die Schenkelvene, aber alle drei gleichnamige Arterien entspringen aus der Beckenarterie (vergl. Tab. 34. Fig. 2.).
8.8. Die **hintere Bauchdeckenvene** (v. epigastrica posterior) läuft am graden Bauchmuskel (d.) nach hinten, ergießt sich in die Schenkelvene und empfängt nur
9. einen **Verbindungsast** (ramus communicans) von
10. der **äußern Schaamvene** (v. pudenda externa), welche, nachdem sie die Venen des Euters (e.), oder der Vorhaut bei männlichen Thieren und
11. die **Bauchhautvene** (v. abdominalis) aufgenommen hat, in die tiefe Backenbeinvene mündet. An

12. der linken äußern Schaamvene (deren Stamm von der tiefen Backenbeinvene abgeschnitten ist) ist die Verbindung zwischen ihr und
13. 13. der innern Schaamvene (v. pudenda interna) an den Schaamlippen (f.) sichtbar; diese mündet in die Beckenvene (3.), nachdem sie vorher
14. die innere Mastdarmvene (v. haemorrhoidalis interna), die von der Harnblase (g.), der Mutterscheide (h.), vom Mastdarme (i.) und von dem Gebärmutterkörper (k.) Venenzweige erhält, aufgenommen hat. Zur Beckenvene geht auch
15. die seitliche Kreuzbeinvene (v. sacralis lateralis), welche
16. die mittlere Schwanzvene (v. caudae media) aufnimmt. In ihrem Laufe nach der Brust hin nimmt die hintere Hohlvene noch folgende Gefäße auf:
17. 17. die linke und rechte umschlungene Darmbeinvene (v. circumflexa ilei),
18. 18. die Lendenvenen (venae lumbales),
19—19. die linke und rechte innere Saamenvene (vena spermatica interna), welche einen Ast aus dem Eierstocke (l. l.) (ramus ovarii) und einen aus der Gebärmutter (k. m.), dem breiten Mutterbande (n.) und von dem Harnleiter (o.) (ramus uterinus) erhält; zuletzt empfängt sie
20. 20. die linke und rechte Nierenvene (vena renalis s. emulgens), erreicht dann die Leber, an deren vorderer Fläche sie herabgeht, und tritt durch das Zwerchfell in die Brusthöhle (vergl. Tab. 41. Fig. 2.).

Tabula 46.

Figur 1. Die Venen und Lymphgefäße am linken Hinterschenkel, von der äußern Seite; $\frac{1}{3}$ der natürlichen Größe.

1. Die Gesäßvene (vena glutaea superior) entspringt in den Backenmuskeln (a.);

2. die Sitzbeinvene (v. ischiadica) entspringt in dem langen Auswärtszieher (b.), und im langen Einwärtszieher (e. e.) des Schenkelbeines;
3. die äußere umschlungene Backenbeinvene fängt in den drei Auswärtsziehern des Schenkelbeines (b. c. d.) an.
4.4. Die vordere Schenkelbeinvene (v. tibialis antica) wird von dem Schienbeinbeuger und vorderen Hufbeinstrecker (f.) bedeckt; g. der Seitenstrecker, h. der dünne Strecker des Sprunggelenkes, i. der dicke Beuger des Hufbeines.
5. Die äußere Hautvene (v. saphena parva) entspringt am Sprunggelenk, und endigt in der Schenkelvene.
6. Lymphgefäß, welches die vordere Schenkelbeinvene begleitet (v. l. tibiale anticum).

Figur 2. Die Venen und Lymphgefäße des Hodens und Saamenstranges, in natürlicher Größe

1. Die innere Saamenvene (vena spermatica interna) entspringt im Hoden (b.) und bildet im Aufsteigen in der Scheidenhaut des Saamenstranges (a. a.)
2.2. das ranckenförmige Geflecht (plexus pampiniformis).
3—3. Die Lymphgefäße des Hodens und Saamenstranges (v. l. spermatica);
c. der Schweif des Nebenhodens,
d. der Saamenleiter.

Tabula 47.

Figur 1. Die Venen und Lymphgefäße des rechten Hinterschenkels und der männlichen Geschlechtstheile, von der innern Seite.

1. Die Darmbeinvene (2. Fig. 3. Tab. 114.);
2. die Beckenvene (3. das.);
3. die innere Schaamvene (14. das.) erhält hier Zweige von der Harnblase (a.), der Saamenblase (b.), der Vorsteherdrüse (c.) und der Harnröhre d.).

4. Die Schenkelvene (4. das.),
5. die hintere Bauchdeckenvene (8. das.) verbindet sich mit
5 b. der äußern Schaamvene (10. das.), welche die Zweige aus der Vorhaut (e.), der Eichel (f.), und aus dem schwammigen Körper der Ruthe erhält;
6. die Bauchhautvene (11. das.) kommt vom Bauchhautmuskel (h.).
7. Die Verbindung der (linken) innern Schaamvene mit der äußern Schaamvene, welche unter dem Sitzbeinruthenbande (i.) hindurchgeht.
8. Die innere Hautvene (vena saphena magna) wird aus
9. dem hintern Aste, der am Sprunggelenke entspringt, und aus
10. dem vordern Aste gebildet; dieser kommt aus dem Sohlenbogen.
11. 11. Die Lymphgefäße (vasa lymphatica saphena), welche den vorderen,
12. 12. die Lymphgefäße, welche den hintern Ast der innern Hautvene begleiten, und in die Leistendrüsen (20. Fig. 2.) gehen;
13. die Lymphgefäße, welche den Verbindungszweig des hintern Astes begleiten, und in die Kniekehlendrüsen (18. das.) gehen.

Figur 2. Die Venen und Lymphgefäße am rechten Hinterfuße, von der innern Seite (Fortsetzung von Fig. 1.).

10. Der vordere Ast der innern Hautvene (10. Fig. 1.),
11. 11. die Lymphgefäße, welche ihn begleiten und in der Gefäßhaut des Hufbeines entspringen.

Figur 3. Die tieferen Venen und Lymphgefäße am linken Hinterschenkel, von der innern Seite gesehen.

1. Die Darmbeinvene,
2. die Lenden=Darmbeinvene (5. Fig. 3. Tab. 45.),
3. die äußere umschlungene Backenbeinvene (6. das.),
4. die innere Schaamvene,
5. die seitliche Kreuzbeinvene (15. das.),

6. die mittlere Schwanzvene (16. das.),
6b. 6b. die seitlichen Schwanzvenen (venae caudae laterales).
7. 7. Die Schenkelvene (4. das.),
8. 8. die Verstopfungsvene (vena obturatoria),
9. die tiefe Backenbeinvene (v. femoris profunda),
10. die äußere Schaamvene;
11. die vordere Backenbeinvene (v. femoris anterior),
12. die Kniekehlenvene (v. poplitaea),
13. die hintere Schenkelbeinvene (v. tibialis postica),
14. die hintere innere Zwischenknochenvene (2. Fig. 5.); alle diese Venen verlaufen wie die gleichnamigen Arterien.
15. Der Verbindungszweig zwischen der Schenkelvene und dem hintern Aste der innern Hautvene.
16. Die Lymphgefäße, welche den hintern Ast,
17. die Lymphgefäße, welche den Verbindungszweig begleiten und in
18. die Kniekehlendrüsen (glandulae poplitaeae) übergehen. Diese liegen hinter den Zwillingsmuskeln (a. b.), von welchen der innere (a.) durchgeschnitten ist; c. bezeichnet den dünnen Hufbeinbeuger.
19. Zwei kleine Lymphgefäße, welche die hintere Schenkelbeinvene begleiten (vasa l. tibialia postica), und so, wie die von den Kniekehlendrüsen kommenden, in
20. die Leistendrüsen (glandulae inguinales) übergehen. (Die Lymphgefäße, welche mit der innern Hautvene aufsteigen, sind abgeschnitten).

Figur 4. Die Venen und Lymphgefäße am linken Hinterfuße, von der innern Seite gesehen. (Fortsetzung von Figur 3.).

14. Die innere Hautvene,
16. die sie begleitenden Lymphgefäße.

Figur 5. Die tiefen Venen am rechten Hinterfuße, von hinten gesehen.

1. Die hintere äußere Zwischenknochenvene (vena interossea plantaris externa),

2. die hintere innere Zwischenknochenvene (v. interossea plantaris interna) entspringen nebst einem dritten Aste, welcher
3. die Ernährungsvene des Schienbeins aufnimmt, aus dem Sohlenbogen, in welchen
5. 5. die Seitenvenen der Zehe übergehen. Auch hier entsprechen im Verlaufe die Venen den gleichnamigen Arterien.

Tabula 48.

Darstellung der Pfortader an sämmtlichen Verdauungs-Eingeweiden.

1. 1. Die Pfortader (Vena Portarum) ist aus den Venen des Magens, der Milz, Bauchspeicheldrüse und des Darmes gebildet, liegt an der rechten Seite der vordern Gekrösarterie (g.), und tritt, durch die Bauchspeicheldrüse (e. e.) hindurchgehend, an der hintern Fläche der Leber (a.) in die Pforte, um sich zu verzweigen, und der Leber das Blut zur Gallenbereitung zuzuführen. Sie empfängt daher
2. die Magen-Zwölffingerdarmvene (v. gastro-duodenalis), welche, die gleichnamige Arterie begleitend,
3. die rechte Magen-Netzvene (vena gastro-epiploica dextra) und
4. die Bauchspeicheldrüsen-Zwölffingerdarmvene (v. pancreatico-duodenalis) aufnimmt; diese kommt von der Drüse (e. e.) und dem Zwölffingerdarme (f.).
5. 5. Die Bauchspeicheldrüsenvenen (venae pancreaticae) ergießen sich auch in den Hauptstamm, und hinter ihnen
6. 6. die hintere Gekrösvene (vena mesenterica posterior s. vena colica sinistra), die im Gekröse des Mastdarmes (k. k.) horizontal nach vorn geht, und bisweilen auch in
7. 7. die Milzvene (v. splenica s. lienalis) mündet; diese nimmt Venen von der Milz (c.), vom großen Netze (d.) auf, dann

8.8. die linke Magen=Netzvene (v. gastro-epiploica sinistra) und
9.9. die kurzen Venen des Magens (venae breves ventriculi); zuletzt erhält die Milzvene noch
10. die linke Kranzvene des Magens (v. coronaria ventriculi sinistra), welche in der obern Magenwand (b.)
11. ein Gefäßnetz und Anastomosen mit den kurzen Venen des Magens bildet.

Die vordere Gekrösvene (v. mesenterica anterior) ist der Anfang der Pfortader, und nimmt folgende Venen auf:

12. die Hüft=Blinddarmvene (v. ilio-colica), welche
13. die Blinddarmvene aus dem Blinddarme (l. l.) und
14. die Hüftdarmvene vom Hüftdarme (c.) empfängt;
15.15. die Dünndarmvenen (venae intestinales s. jejunales) vereinigen sich in zwei große Aeste, entspringen im Leerdarme (h—h.), bilden Gefäßbogen wie die gleichnamigen Arterien, und vereinigen sich mit
16. der Grimmdarmvene (v. colica dextra hom.); diese wird zwischen den beiden linken Lagen des Grimmdarmes gebildet aus
17. der untern, und
18. der obern Grimmdarmvene, die an der untern (m. m.) und der obern Lage (n. n.) des Grimmdarmes verlaufen.
19. Die rechte Kranzvene des Magens (v. corori. ventric. dextra) entspr. an der untern Magenwand und mündet in die Pfortader, kurz vor ihrer Theilung; bisweilen auch in die linke Kranzvene (10.).

Tabula 49.

Figur 1. Die Haut=Lymphgefäße, von der linken Seite gesehen.

1. Die Lymphgefäße des Antlitzes (vasa lymphatica faciei) gehen in die Drüsen im Kehlgange;
2. die Lymphgefäße des Nackens (v. lymphatica cer-

vicis), gehen in die Drüsen, die unter dem gemeinschaftlichen Muskel liegen;

3.3. die Lymphgefäße des Rückens und der Schulter (vasa lymph. dorsi et humeri) gehen in dieselben Drüsen;

4. die Lymphgef. der Brust (vasa lymph. thoracis) gehen ebenfalls dahin.

5. Die Lymphgef. des Bauches (vasa lymphatica abdominis) gehen in die Drüsen an der Vorhaut oder am Euter; eben so

6. die Lymphgef. der Lendengegend und der Croupe (vasa lymphat. regionis lumbalis et sacralis),

7.7. die äußern, und

8. die innern Lymphgef. der Hinterschenkel (vasa lymphatica externa et interna extremitatum posteriorum).

9. Die äußern und

10. die innern Lymphgef. der Vorderschenkel (v. lymph. externa et interna extremitatum anteriorum) gehen in die Nackendrüsen unter dem gemeinschaftlichen Muskel.

a. Der Schulterhautmuskel;

b. der Bauchhautmuskel.

Diese Haut-Lymphgefäße dienen zur Aufsaugung der flüssigen und luftförmigen Stoffe, welche mit der Haut in Berührung kommen, und erscheinen bei dem Hautwurm als knotige Stränge.

Figur 2. Ein Stück vom Bogen der Aorta; natürliche Größe.

1. Die äußere Fläche mit einer Zellhaut bedeckt,

2. die Faserhaut (tunica fibrosa), welche elastisch ist;

3. die innere Haut (tunica interna s. serosa), ist äußerlich rauh, nach innen zu glatt;

4. die Höhle der Arterie,

5. Ein Gefäß des Gefäßes (vas vasis),

6.6. die Zwischenrippenarterien (arteriae intercostales).

Figur 3. Ein Stück von einer Hautvene, die innere Fläche dargestellt.

1. 1. Die Klappen (valvulae vasorum) sind halbmondförmig, durch Verdoppelung der innern Haut gebildet, und zur Beförderung des Blutlaufes bestimmt.

Figur 4. Ein Lymphgefäß vom Armbeine, die innere Fläche dargestellt.

1. 1. Die Klappen sind wie in den Venen nur noch viel zahlreicher, als in jenen.

Figur 5. Eine Lymphdrüse, von oben dargestellt.

1. Das zuführende Lymphgefäß,
2. 2. das Gewebe der Lymphdrüse, welches aus einem eigenen Parenchyma und aus den verästelten Lymphgefäßen besteht, und zur Umänderung der Lymphe dient;
3. das abführende Lymphgefäß kommt an der untern Fläche hervor.

Figur 6. Dieselbe Drüse von unten.

1.
2. } wie Fig. 5.
3.

Tabula 50.

Figur 1. Die Lymphgefäße des Kopfes und Halses von der rechten Seite; halbe Größe.

1. Die Lymphgefäße des Angesichts (von der rechten Seite),
2. dieselben von der linken Seite; alle gehen um den untern Rand des Unterkiefers herum, und endigen in

3. den Kehlgangsdrüsen (glandulae submaxillares). Aus diesen wird die Lymphe in
4. die obern Luftröhrendrüsen (glandulae tracheales superiores) geführt, welche auch die aus
5. den hinteren Kieferdrüsen (gland maxillares posteriores) aufnehmen.
a. Die Schilddrüse,
b. b. die Luftröhre.
6. 6. Die Luftröhrengefäße (vasa jugularia) führen die Lymphe in
7. die mittleren Luftröhrendrüsen (gland. tracheales mediae), aus welchen sie durch
8. mehrere Stämme in
11. die untern Luftröhrendrüsen (gland. tracheales inferiores) übergeht.
9. 9. Die Lymphgefäße des Nackens gehen in
10. die Lymphdrüsen des Nackens (gland. cervicales), die unter dem gemeinschaftlichen Muskel (c.) liegen, und von welcher die Lymphe in die Luftröhrengefäße übergeht.

Figur 2. Darstellung des Milchbrustganges von unten.

(NB. Die Figur muß durch den Spiegel gesehen werden, wenn man sie mit dem Präparat vergleichen will, weil sie aus Versehen nicht verkehrt gezeichnet worden ist.)
1. 1. Die Schenkel-Lymphgefäße (vasa cruralia) kommen von den Leistendrüsen und führen zu
2. 2. den Lendendrüsen (glandulae lumbares), aus welchen
3. die Lendengeflechte (plexus lumbares) entstehen, die in
4. die Lendencisterne (cisterna s. receptaculum chyli) übergehen, aus dieser geht der Milchbrustgang hervor.
5. 6. Die Lymphgefäßstämme vom Darmkanal (trunci intestinales),
7. der Stamm vom Magen und der Milz (truncus gastricus et lienalis),
8. der Stamm von der Leber (truncus hepaticus).
9. 9. Der Milchbrustgang (ductus thoracicus) liegt anfangs über der Aorta (a. a.), geht dann zwischen ihr und der unpaarigen Vene (d d.) an der rechten Seite bis zum sechsten Rückenwirbel nach vorn, tritt an die linke Seite,

zwischen der Aorta und Wirbelsäule hindurchgehend, und mündet in die linke Achselvene (i.).
10. Der rechte Luftröhrenstamm (truncus trachealis s. jugularis dexter) geht neben der rechten Drosselvene (k.) herab, und mündet in die rechte Achselvene (h.).
11. Die linken Luftröhrengefäße, welche
12. die linken Nackengefäße aufnehmen, begleiten die linke Drosselvene (l), und endigen in den untern Luftröhren- und vordern Brustdrüsen, von welchen die Lymphe in die beiden Stämme (9. 10.) geht.
13. 13. Die hintern Brustdrüsen nehmen die Lymphgefäße der Brustwände auf.
b. Die rechte Niere,
c. die linke Niere,
e. die Luftröhre,
f. der Schlund,
g. die hintere Hohlvene

} hinten abgeschnitten.

Figur 3. Die mittleren Luftröhrendrüsen mit ihren Lymphgefäßen von beiden Seiten.

Tabula 51.

Figur 1. Die Haut-Lymphgefäße des linken Vorderschenkels, von der äußern Seite dargestellt.

1. Die Lymphgefäße des Rückens gehen über den Bauchhautmuskel (a.), verbinden sich mit
2. den Lymphgefäßen der Schulter, die über den Schulterhautmuskel (b.) hinweggehen, und endigen in
3. dem obern Häufchen der Nackendrüsen, die unter dem gemeinschaftlichen Muskel (c.) liegen.
4. 4. Die Lymphgefäße des Armes endigen in
5. dem mittleren Häufchen der Nackendrüsen;

6.6. die Lymphgefäße des Vorarmes und Fußes endigen im mittleren und in
7. dem untern Häufchen dieser Drüsen, welche auch
8.8. die Lymphgefäße der innern Seite aufnehmen.

Figur 2. Die Haut-Lymphgefäße des linken Vorderschenkels, von der innern Seite.

1. Einige Lymphgefäße der Brust gehen unter dem breiten Brustmuskel (a.) von hinten nach vorn, um mit
2.2. den Lymphgefäßen des Vorarmes und Fußes in das untere Häufchen der Nackendrüsen (7. Fig. 1.) überzugehen.

Tabula 52.

Figur 1. Die tiefen Lymphgefäße (vasa lymphatica profunda) des linken Vorderschenkels; von der innern Seite gesehen.

Die Muskeln an der Schulter und am Arme sind nur in Umrissen dargestellt, vom großen Brustmuskel ist ein Stück ausgeschnitten, um die Lymphdrüsen und Gefäße am Armbeine zu sehen (vergl. Tab. 113. Fig. 2.).

1.1. Die Haupt-Lymphgefäße (vasa lymphatica cephalica) entspringen am Fuße, begleiten die innere Hautvene oder Hauptader, und ergießen sich in die Armdrüsen (3.).
2.2. Die Speichen-Lymphgefäße (v. l. radialia) entspringen an der innern und äußern Seite des Fußes, begleiten anfangs die innere und äußere hintere Zwischenknochenvene, dann die Speichenvene, und endigen ebenfalls in
3. den Armdrüsen (glandulae brachiales). Diese liegen an den großen Blutgefäßen des Armes, und werden von dem großen Brustmuskel bedeckt; aus ihnen entspringen die Armgefäße (v. l. humeri), zwei starke Stämme, von welchen der vordere in die Achseldrüsen (5.5.) geht; vom hintern Stamme geht der innere Zweig in dieselben Drüsen, der vordere geht unter ihnen hindurch, und begleitet die Achselvene.

5. 5. Die Achseldrüsen (glandulae axillares) nehmen außer den Armgefäßen auch
6. 6. die äußern Brust-Lymphgefäße (v. l. thoracica externa), welche die äußere Brustvene begleiten, und
7. 7. die Unterschulter-Lymphgefäße (v. l. subscapularia) auf; diese gehen mit den Zweigen der Unterschultervene herab. Aus den Achseldrüsen entspringen
8. 8. die Achselgefäße (v. l. axillaria), welche die Achselvene begleiten und in
9. den untern Luftröhrendrüsen (11. Fig. 1. Tab. 119.) endigen.

Figur 2. Die oberflächlichen Lymphgefäße (vasa lymphatica superficialia) an einem Stück von einer Lunge; in natürlicher Größe.

Die oberflächlichen Lymphgefäße liegen zwischen der Lungen-Pleura und der Substanz der Lunge. Sie bilden viele anastomosirende Schlingen, und vereinigen sich in größere Aeste, die in den Bronchialdrüsen endigen (vergl. Tab. 122. Fig. 1.). Sie dienen zur Aufsaugung des Serum's.

Figur 3. Die oberflächlichen Lymphgefäße an einem Theile der Milz; in natürlicher Größe.

Sie liegen zwischen der serösen und fibrösen Haut der Milz, sind ungemein zahlreich, und bilden ein ununterbrochenes Netz über die ganze Milz. Ihr Aeußeres ist perlschnurartig, weil sie viele Erweiterungen haben. Sie endigen theils in den Milzdrüsen, theils in dem Magen-Milzstamme (truncus gastrico-lienalis).

Figur 4. Die oberflächlichen Lymphgefäße von der hintern Fläche eines Stückes der Leber; in natürlicher Größe.

Zwischen der serösen Haut und dem Parenchyma der Leber breiten sich die Lymphgefäße baumartig (dendritisch) aus, und sind sehr zahlreich. Sie saugen das Serum auf, und ergießen sich in die Leberdrüsen (Vgl. Tab. 122. Fig. 3.).

Tabula 53.

Figur 1. Die oberflächlichen Lymphgefäße des Herzens und der Lungen, von der linken Seite gesehen; $\frac{1}{4}$ der natürlichen Größe.

1. Das vordere linke Herzgefäß (vas lymphaticum cordis sinistrum anterius) entspringt an der Seitenwand der rechten Herzkammer, und geht in eine der vorderen Brustdrüsen (3.);
2. das hintere linke Herzgefäß (v. l. c. s. posterius) entspringt an der Spitze des Herzens, an der rechten Seite, geht in der linken Långenfurche mit der Vene aufwärts, und nimmt am linken Herzohre noch ein Gefäß auf, welches mit vielen Zweigen seinen Ursprung an der Seitenwand der linken Herzkammer hat (vergl. Fig. 2.). Hierauf geht das Gefäß zwischen der Lungenarterie (h.) und der hinteren Aorta (f.) aufwärts und endigt in
3. den vorderen Brustdrüsen (glandulae thoracicae anteriores).
4. Das rechte Herzgefäß (v. l. c. dextrum) entspringt an der rechten Seite des Herzens (vergl. Fig. 3.), geht über die Lungenarterie (h.) an die linke Seite, und endigt mit dem vorderen linken Gefäße in einer Drüse (3.).
5. Die Lymphgefäße an der innern Fläche des vorderen Lungenlappeus (m.), und
6. die Lymphgefäße an der äußern Fläche des hinteren (l.) Lungenlappens (vasa lymphatica superficialia pulmonum) endigen in
7. den Bronchialdrüsen (glandulae bronchiales), aus welchen die Lymphe in die vorderen Brustdrüsen (3. 3.) übergeht.
8. Der rechte Stamm (truncus dexter), und
9. der linke Stamm des Milchbrustganges (truncus sinister ductus thoracici) vereinigen sich unter dem Körper des sechsten Rückenwirbels, und hierauf geht
10. 10. der Milchbrustgang (ductus thoracicus) an der linken Seite der Luftröhre (i.), zwischen ihr und den Blutgefäßen nach vorn, und ergießt sich in

a. die linke Achselvene.

b. Die linke Drosselvene;
c. die vordere Hohlvene;
d. der Stamm der tiefen Nacken- und vorderen Zwischenrippenvene;
e. die vordere,
f. die hintere Aorta;
g. die linke Seite des Herzens,
h. die Lungenarterie,
i. die Luftröhre,
k. der Schlund,
l. der hintere,
m. der vordere Lappen (gewendet) der linken Lunge.

Figur 2. Die oberflächlichen Lymphgefäße an der linken Seite des Herzens, halbe Naturgröße.

1. Das vordere linke Herzgefäß (1. Fig. 1.),
2. das hintere linke Herzgefäß (2. das.).
a. Die Aorta,
b. die Lungenarterie.

Figur 3. Die oberflächlichen Lymphgefäße an der rechten Seite des Herzens, halbe Naturgröße.

1. Das rechte Herzgefäß (4. Fig. 1.) entspringt an den Seitenwänden beider Kammern, geht dann in vielen Krümmungen aufwärts, und über die linke Vorkammer (d.) nach der linken Seite.
2. Das vordere linke Herzgefäß (1. Fig. 1.).
a. Die hintere,
b. die vordere Hohlvene;
c. die Lungenvenen;
d. die linke,
e. die rechte Vorkammer.

Figur 4. Die Lymphgefäße an der hinteren Fläche der Leber, der oberen Fläche des Magens und an der inneren Fläche der Milz.

a. Hintere Fläche der Leber,
b. die obere Fläche des Magens,
c. Schlund,
d. die innere Fläche der Milz,
e. e. das große Netz (abgeschnitten),
f. das kleine Netz.

1—1. Die oberflächlichen Lymphgefäße der Leber (vasa lymph. superficialia hepatis) entspringen mit vielen Zweigen an der serösen Haut der Leber, vereinigen sich in
2. 2. die Stämmchen, welche auch die tiefen Lymphgefäße der Leber aufnehmen, und endigen in
3. den Leberdrüsen (glandulae hepatis lymphaticae);
4. ein Zweig vom linken Leberlappen geht durch das kleine Netz (f.) in die Magendrüsen (7.). Aus den Leberdrüsen kommend, vereinigen sich die Lymphgefäße in
5. dem Leberstamme (truncus hepatis lymphaticus), der sich mit dem Magen-Milzstamme (8.) vereinigt.
6. Die Lymphgefäße der oberen Magenwand (v. v. lymph. superficiei ventriculi superioris) gehen in
7. die Magendrüsen (glandulae l. gastricae). Die heraustretenden Gefäße verbinden sich mit den Magen- Netz-, und Milzgefäßen, und bilden
8. den Magen-Milzstamm (truncus gastro-linealis).
9. 9. Die Magen-Netzgefäße (v. v. gastro-epiploica) entspringen im Milz-Magenbande und im großen Netze, gehen durch die Magen-Netzdrüsen (glandulae gastro-epiploicae) und endigen in dem Magen-Milzstamme.
10. 10. 10. Die oberflächlichen Lymphgefäß der Milz (v. v. l. lienis superficialia) bilden über die ganze Milz ein dichtes, knotiges Netz, und verbinden sich theils mit den Magen-Netzgefäßen und ihren Drüsen (9. 9.), theils gehen sie in den Magen-Milzstamm (8.) über. Sämmtliche Gefäße der Leber, Milz, des Magens, der Bauchspeicheldrüse und des Netzes bilden
11. den Eingeweidestamm (trunc. coeliacus), mit welchem sich
12. der Darmstamm (truncus l. intestinorum) verbindet, und in
13. dem Milch-Brustgange endigt.

Tabula 54.

Figur 1. Die Lymphgefäße des Darmkanales.

1.1. Die Lymph- oder Milchsaft-Gefäße des Dünndarms (vasa lymphatica s. chylifera intestini tenuis) entspringen theils in den Darmzotten, theils zwischen den Häuten des Dünndarmes (d—d.), laufen im Gekröse aufwärts und ergießen sich in
2.2. die Gekrösdrüsen (glandulae mesenterii), in welche auch
3.3. die Saugadern des Mastdarmes, c. c. (v. l. intestini recti) übergehen, nachdem sie vorher durch
4.4. die kleinen Drüsen des Mastdarmgekröses gegangen sind.
5—5. Die Lymphgefäße des Grimmdarmes (v. v. l. coli) laufen an beiden Lagen des Grimmdarmes (b—b.) von hinten nach vorn, gehen durch viele
6—6. Drüsen des Grimmdarmgekröses (glandulae mesocoli), und vereinigen sich theils mit
7.7. den Lymphgefäßen des Blinddarmes, a. (v. l. intestini coeci), theils ergießen sie sich in die Drüsen des Dünndarmgekröses. Jene vereinigen sich zu
8. einem großen Aste, zu welchem noch
9. } zwei andere stoßen, die aus den Gekrösdrüsen des Mast-
10. } und Dünndarmes kommen, und alle drei bilden
11. den Lymphgefäßstamm des Darmes (truncus lymph. intestinorum), welcher sich in die Lendencysterne ergießt.

Figur 2. Die Lymphgefäße an einem Stück des Dünndarmes.

1—1. Die oberflächlichen, d. h. zwischen der serösen und Muskelhaut verlaufenden,

2—2. die tiefen Lymphgefäße, welche zwischen der Muskel- und Schleimhaut verlaufen und in den Darmzotten entspringen; diese gehen in jene über und laufen, nachdem sie den Darm verlassen haben, im Gekröse aufwärts (1 — 1. Fig. 1.).

Tabula 55.

Figur 1. Die oberflächlichen Lymphgefäße am rechten Hinterschenkel; von der äußern Seite.

1.} 2.} Die oberflächlichen Lymphgefäße der Croupe und des Oberschenkels bilden im Gewebe der Haut ein großes Geflecht, und gehen theils um den hintern Rand (bei 1.) an die innere Fläche, theils gehen sie um den vordern Rand (bei 2.) in die Drüsen der Kniefalte (vergl. 5. Fig. 2.).

3.3. Die Lymphgefäße des Unterschenkels und Fußes gehen zum Theil an die innere Fläche,

4. einige derselben laufen am hintern Rande aufwärts und ergießen sich in die Kniekehlendrüsen (18. Fig. 3. Tab. 47).

Figur 2. Die oberflächlichen Lymphgefäße am rechten Hinterschenkel; von der innern Seite.

1.1. Die Schenkel-Lymphgefäße (vasa lymphatica cruralia) begleiten die Schenkelvene und entspringen in

2. den Leistendrüsen (glandulae inguinales), in welche sich 4 — 5 starke Aeste aus

3. den Hodensackdrüsen (2. Fig. 1. Tab. 57.), die bei Stuten vom Euter bedeckt werden, ergießen. In die zuletzt genannten Drüsen ergießen sich auch

4.4. die meisten oberflächlichen Lymphgefäße der inneren und äußeren Fläche, indem die der äußeren Fläche sich um den vorderen und hinteren Rand nach innen umschlagen; nur wenige vom Unterschenkel und von der Croupe kommende endigen in

5. den Lymphdrüsen der Kniefalte, welche von der Aponeurose des Bauchhautmuskels gebildet wird. |Aus diesen Drüsen gehen die Gefäße in die äußern Darmbein-Lymphgefäße (vergl. 13. Fig. 1. Tab. 57.) über.

Tabula 56.

Figur 1. Die Lymphgefäße am Magen, von vorn und oben gesehen.

a. Der Schlund,
b. der Magen,
c. der Pförtner.
1. 1. Die Lymphgefäße der untern Magenwand vereinigen sich in
2. den untern Lymphdrüsen des Magens; aus diesen geht
3. ein dicker Stamm in
4. die obern Lymphdrüsen, zu welchen auch
5. die Lymphgefäße der obern Magenwand kommen, und aus welchen
6. zwei größere Gefäße zum Magen-Milzstamme (6. Fig. 4. Tab. 53.) gehen.

Figur 2. Darstellung der Lymphgefäße an der Gebärmutter, in natürlicher Lage.

a. Die rechte Niere,
b. die linke Niere,
. die Aorta,
d. die hintere Hohlvene,
e. e. die Eierstöcke,
f. f. die Muttertrompeten,
g. die Gebärmutter (zurückgeschlagen, so daß die obere Fläche etwas sichtbar wird),
h der Mastdarm,
i. die Harnblase.
1—1. Die Lymphgefäße der Gebärmutter (vasa lymph. uterina) gehen an beiden Flächen hervor und ergießen sich in

2.2. die Lendendrüsen (glandulae lumbales), zu welchen auch
3.3. die Lymphgefäße des Beckens (v. l. hypogastrica) gehen.

Figur 3. Die Lymphgefäße an der Gebärmutter, halbe Naturgröße; von oben gesehen.

1.1. Die Fransen der Muttertrompeten,
2.2. die Muttertrompeten,
3.3. die Eierstöcke,
4.4. die breiten Mutterbänder,
5. der Körper und
6.6. die Hörner der Gebärmutter.

Die Lymphgefäße bilden ein Netz zwischen der Schleim- und Faserhaut der Gebärmutter, welches an der linken Hälfte freigelegt ist, und gehen dann aus dem breiten Mutterbande an der Wirbelsäule nach vorn in die Lendendrüsen (vergl. Fig. 2.), hier aber sind sie gerade gelegt, um sie deutlicher darstellen zu können.

Tabula 57.

Figur 1. Die Lymphgefäße der männlichen Geschlechtstheile und Nieren.

a. Die linke Niere,
b. die Bauch-Aorta,
c. die Scheidenhäute des Hodens (aufgeschnitten),
d. der Saamenleiter,
e.e. Vorhaut und Hodensack (geöffnet),
f. die Ruthe,
g. die Bauchdecken.
1. Die Lymphgefäße des Hodensackes (vasa lymph. scroti) laufen von hinten nach vorn in
2. die Hodensackdrüsen (glandulae scroti).
3.
4. } Die Lymphgefäße des Schlauches (v. v. l. praeputii) laufen theils von hinten nach vorn, theils von vorn nach hinten und endigen in

5.5. den Schlauchdrüsen (gland. praeputii), welche auch
6.6. die Lyphgefäße der Ruthe (v. v. l. penis) aufnehmen. Von diesen Drüsen gehen, nachdem sie auch die oberflächlichen Lymphgefäße vom Schenkel aufgenommen haben (vergl. Tab. 55. Fig. 2.),
7. einige starke Gefäße in die Leistendrüsen über, in welche sich auch
8. die Lymphgefäße der hinteren Bauchdecken (v. v. l. epigastrica) endigen.
9.9. Die Lymphgefäße des Hodens (v. v. l. testiculi) entspringen in beträchtlicher Anzahl theils im Hoden und Nebenhoden, theils in den Scheidenhäuten, und endigen in
10.10. den Lendendrüsen (gland. lumbales), zugleich mit
11. den Lymphgefäßen der Niere (v. v. l. renalia). In
12. die äußern Darmbeindrüsen (gland. iliacae externae) münden
13. die äußern Darmbein-Lymphgefäße (v. v. l. iliaca externa), und
14. einige Zwischenrippengefäße (v. v. l. intercostalia), und gehen dann in die Lendendrüsen über.
15. Die Beckenlymphgefäße (v. v. l. hypogastrica), welche in den Beckeneingeweiden entspringen, münden in
16. den innern Darmbeindrüsen (gland. iliacae internae).

Figur 2. Die Schädelhöhle eines Fohlenkopfes, von der rechten Seite geöffnet, um die Fortsätze der harten Hirnhaut darzustellen.

1. Der Sichelfortsatz (processus falciformis s. falx cerebri), welcher die Halbkugeln des großen Gehirns scheidet und den Längenblutleiter enthält;
2. das Hirnzelt (tentorium cerebelli) scheidet das kleine und große Gehirn, und dient den hinteren (oberen) Lappen des letzteren zur Grundlage.

Figur 3. Das Gehirn, von unten.

1.1. Die Riechnerven oder das erste Paar (nervi olfactorii s. par primum) sind hohle Fortsätze des Gehirns und endigen in

2.2. den Riechnervenknollen (bulbi nerv. olfact.), von welchen die eigentlichen Riechnerven erst entspringen.
3.3. Die Sehnerven oder das zweite Paar (nervi optici s. par secundum) machen
4. eine Kreuzung (chiasma), so daß der auf der linken Seite entspringende zum rechten Auge, und der von der rechten Seite zum linken Auge geht. Hinter diesen liegt
5. der Trichter (infundibulum), welcher
6. den Hirnanhang oder die Schleimdrüse (hypophysis cerebri s. glandula pituitaria) mit der dritten Kammer und mit
7. dem Markkügelchen (corpus candicans s. mammillare) verbindet.
8.8. Die Schenkel des großen Gehirns (crura cerebri) verbinden dieses mit dem verlängerten Marke; aus ihnen entspringen
9.9. die gemeinschaftlichen Augenmuskelnerven oder das dritte Paar (nervi oculo-motorii s. par tertium), hinter welchen
10. der Hirnknoten oder die Varolsbrücke (nodus cerebri s. pons Varolii) die Hirnschenkel umfaßt.
11.11. Die Rollmuskelnerven oder das vierte Paar (nervi trochleares s. par quartum) sind die kleinsten Nerven des Gehirns; die größesten dagegen sind
12.12. die dreigetheilten Nerven oder das fünfte Paar (nervi trigemini s. par quintum), die bald in
13.13. die platte Wulst oder den Gasser'schen Knoten (intumescentia plana s. ganglion Gasseri) anschwellen und sich dann in zwei starke Aeste theilen, nämlich in
14.14. den vereinigten Augen- und Oberkiefer-Ast (ramus ophthalmicus et maxillaris superior) und in
15.15. den Unterkiefer-Ast (ramus maxillaris inferior); aus ihnen entspringt
16. der große sympathische Nerv (nervus sympathicus maximus s. trisplanchnicus).
17.17. Die äußern Augenmuskelnerven oder das sechste Paar (nervi abducentes s. par sextum) entspringen hinter dem Hirnknoten (10.), und an den Seiten desselben
18.18. die Antlitznerven oder das siebente Paar (nervi faciales s. par septimum) und
19.19. die Hörnerven oder das achte Paar (nervi acustici s. par octavum).

20.20. Die Zungen=Schlundkopfnerven oder das neunte Paar (nervi glosso-pharyngei s. par nonum),
21.21. die Lungen=Magennerven oder das zehnte Paar (nervi pneumogastrici s. vagi s. par decimum) und
22.22. die Zungenfleisch= oder Unterzungennerven oder das zwölfte Paar (nervi hypoglossi s. par duodecimum) entspringen aus dem verlängerten Marke, an dessen Seiten
23.23. die Beinerven des Willis (nervi accessorii Willisii) oder das sogenannte eilfte Paar (par undecimum) heraufgeht. Das verlängerte Mark hat unten drei Erhabenheiten, nämlich
24.24. die pyramidenförmigen (eminentiae pyramidales),
25.25. die olivenförmigen (eminentiae olivares) und
26.26. die strangförmigen Erhabenheiten (eminentiae restiformes).
27.27. Das kleine Gehirn (cerebellum).

Figur 4. Die beiden Halbkugeln des großen Gehirns, von den gestreiften Körpern getrennt, und von unten gesehen.

1.1. Die vorderen (unteren) Lappen (lobi anteriores),
2.2. die hinteren (oberen) Lappen (lobi posteriores),
3.3. die mittleren Lappen oder zitzenförmigen Erhabenheiten (lobi intermedii s. processus mammillares).
4.4. Die vorderen Schenkel des Gewölbes (crura fornicis anteriora), zwischen welchen
5. das vordere Markbändchen (commissura cerebri anterior) liegt.
6. Die untere Fläche des Gewölbes enthält viele in einem Dreieck verbundene Markstreifen, welches man die Harfe oder Leyer (psalterium s. lyra) nennt.
7.7. Die hinteren Schenkel des Gewölbes (crura fornicis posteriora), die sich mit
8.8. dem hinteren Ende des Hirnbalkens verbinden.
9.9. Die Decken der Seitenkammern, aus dem Marke der Halbkugeln gebildet.
10.10. Die Stellen, wo das Mark des großen Gehirns von den gestreifteu Körpern abgeschnitten ist.

Figur 5. Die Ganglien des großen Gehirns, das kleine Gehirn und verlängerte Mark, von oben gesehen.

1.1. Die gestreiften Körper oder die vorderen Hirnganglien (corpora striata s. ganglia cerebri antica) sind aus der Verbindung mit dem Marke der Halbkugeln gelöst (bei † †).
2.2. Die Sehhügel oder hinteren Hirnganglien (thalami nervorum opticorum s. ganglia cerebri postica) sind von jenen durch
3.3. die Hornstreifen oder Grenzstreifen (striae terminales s. taeniae striatae) geschieden, und haben zwischen sich
4. die hintere (obere) Oeffnung der dritten Kammer oder den Zugang zur Sylvischen Wasserleitung (ostium posterius ventriculi tertii s. aditus ad aquaeductum Sylvii), hinter welcher
5. das hintere Markbändchen (commissura cerebri posterior) liegt. Mit diesem verbindet sich
6. die Zirbel (conarium s. glandula pinealis); sie ruht auf
7.7. dem vorderen Paar der Vierhügel oder den Hoden (eminentia quadrigemina s. testes), an welche
8.8. das hintere Paar derselben oder die Hinterbacken (nates) grenzt.
9.9. Die Schenkel des kleinen Gehirns zu den Vierhügeln (crura cerebelli ad eminentiam quadrigeminam), von welchen der linke hier abgeschnitten ist, um
10. das Mark des Seitenlappens vom kleinen Gehirn zu sehen, in welchem die graue Masse rautenförmiger Körper (corpus rhomboideum) genannt wird.
11. Der durchschnittene Wurm des kleinen Gehirns mit dem Lebensbaume (arbor vitae);
12. die vierte Kammer und rautenförmige Grube (ventriculus quartus et fossa rhomboidea), welche nach hinten in
13. den Kanal des verlängerten Markes übergeht.

Tabula 58.

Alle Figuren auf dieser Tafel sind in natürlicher Größe dargestellt.

Figur 1. Das Gehirn, an welchem die Halbkugeln bis auf den Balken abgeschnitten und das kleine Gehirn senkrecht durchgeschnitten ist; von oben gesehen.

1.1. Das Mark der Halbkugeln, welches die Decke der Seitenkammern (lacunar ventriculorum lateralium) bildet, und Querfasern enthält (vergl. Tab. 57. Fig. 4. No. 9.9.). In der Mitte befindet sich der Hirnbalken oder schwielige Körper (trabs cerebri s. corpus callosum), an welchem
2.2. die Nath (raphe s. sutura externa corp. callosi), eine seichte Längenfurche von
3.3. den seitlichen Längenstreifen (striae laterales longitudinales) begrenzt wird. Zwischen den hinteren Lappen des großen Gehirns liegen
4.4. das vordere Paar } der Vierhügel (eminentia quadrigemina), an welche
5.5. das hintere Paar }
6. die Hirnklappe oder das Marksegel (valvula cerebri s. velum medullare) grenzt; diese deckt
7. die vierte Hirnkammer (ventriculus quartus), die in
8. die rautenförmige Grube (fossa rhomboidea) übergeht.
9.9. Der Lebensbaum (arbor vitae) oder das strahlig verbreitete Mark des mittleren Lappens (oder Wurmes) des kleinen Gehirns.

Figur 2. Das Gehirn, an welchem der Balken und die Decken der Seitenkammern hinweggenommen sind; von oben gesehen.

Die Seitenkammern sind von oben geöffnet; in ihnen liegen
1.1. die gestreiften Körper oder die vorderen Hirnganglien (corpora striata s. ganglia cerebri antica),

von welchen der linke eingeschnitten ist, um die Streifen der Marksubstanz zu sehen; zwischen beiden liegt
2. der Körper des Gewölbes (pars media fornicis), der nach hinten in
3.3. die Ammonshörner oder Seepferdsfüße (cornua Ammonis s. pedes Hippocampi) übergeht; an jedem liegt nach außen
4.4. der Saum (fimbria s. taenia). Zwischen diesem und dem gestreiften Körper findet sich ein schmaler Markstreif, welcher
5.5. Grenz- oder Hornstreif (stria terminalis s. stria cornea) genannt wird. Unter dem Körper des Gewölbes bleibt eine Oeffnung,
6. das Monro'sche Loch (foramen Monroi), durch welches die beiden Seitenkammern unter sich und mit der dritten Hirnkammer in Verbindung stehen.
7.7. Der mittlere Lappen oder Wurm (vermis cerebelli), und
8.8. die Seitenlappen (lobi laterales) des kleinen Gehirns, von welchen die Spinnwebenhaut abgenommen ist, um die Furchen und Blätter zu sehen.
9. Das verlängerte Mark.

Figur 3. Das große Gehirn mit geöffneten Seitenkammern; von oben gesehen.

1.1. Die vorderen Lappen,
2.2. die hinteren Lappen.
3.3. der Balken, quer durchgeschnitten und nach beiden Enden zurückgelegt. Mit ihm ist
4.4. die halbdurchsichtige Scheidewand (septum pellucidum) verbunden; sie scheidet die Seitenkammern und ruht auf
5.5. dem Gewölbe, unter welchem sich
6.6. das Monro'sche Loch befindet.
7.7. Die Ammonshörner mit
8.8. dem Saume und
9.9. dem Hornstreif (vergl. 2 — 5. Fig. 2.). In jeder Seitenkammer befinden sich zwei Gänge oder Hörner, nämlich
10.10. das untere Horn (cornu inferius) welches in die Höhle des Riechnervens übergeht,

11. 11. das **obere Horn** (cornu superius), welches vom Monro'schen Loche ausgeht, durch
12. 12. den gestreiften Körper von jenem getrennt ist, nach außen und unten geht, und bei
13. 13. an der untern Fläche in der zitzenförmigen Erhabenheit endigt; es enthält
14. die **Vogelklaue** oder den **kleinen Seepferdsfuß** (calcar avis s. pes Hippocampi minor).

Figur 4. Die rechte Hälfte des der Länge nach senkrecht durchgeschnittenen Pferdegehirns, von der inneren Seite gesehen.

1. Die innere Fläche der rechten Halbkugel,
2. der Balken,
3. die halbdurchsichtige Scheidewand,
4. das Gewölbe,
5. das Ammonshorn.
6. Der **Riechnervenknollen** (bulbus nervi olfactorii),
7. der Sehnerv,
8. der Hirnanhang oder die Schleimdrüse (nicht durchgeschnitten);
9. der Sehnervenhügel (Schnittfläche),
10. die Zirbel (in der Mitte durchgeschnitten),
11. das rechte Paar der Vierhügel.
12. Die **vordere Oeffnung zur dritten Kammer** oder der **Gang zum Trichter** (ostium anterius ventriculi tertii s. aditus ad infundibulum s. vulva),
13. der **Trichter** (infundibulum),
14. die **dritte Hirnkammer** (ventriculus tertius),
15. die **hintere Oeffnung zur dritten Kammer** oder der **Gang zur Sylvischen Wasserleitung** (ostium posterius ventriculi tertii s. aditus ad aquaeductum Sylvii s. anus),
16. die **Sylvische Wasserleitung** (aquaeductus Sylyii),
17. die **vierte Hirnkammer** (ventriculus quartus). Alle diese Höhlen stehen unter einander, und durch das Monro'sche Loch auch mit den Seitenkammern, in Verbindung.
18. Schenkel des großen Gehirns,
19. Hirnknoten,
20. verlängertes Mark,
21. kleines Gehirn, alle in der Mitte durchgeschnitten.

Figur 5. Ein Theil des Rückenmarkes, von unten gesehen.

1. 1. Die harte Rückenmarkshaut mit dem äußeren Blatte der Spinnwebenhaut, der Länge nach aufgeschnitten und zurückgeschlagen.
2—2. Das gezahnte Band (ligamentum denticulatum) macht den Uebergang vom äußern zum inneren Blatte der Spinnwebenhaut.
3. 3. Die inneren,
4. 4. die mittleren,
5. 5. die äußeren Stränge des Rückenmarkes;
6. 6. die unteren Wurzeln der Rückenmarksnerven,
7—7. die einfachen Knoten (ganglia simplicia) der Nerven, von wo aus sich jeder Nerve in einen unteren und oberen Ast theilt.

Figur 6. Dasselbe von oben gesehen.

1. Die Längenfurche des Rückenmarkes,
2. 2. die obern Wurzeln der Rückenmarksnerven.

Tabula 59.

Auch die Figuren auf dieser Tafel sind alle in natürlicher Größe dargestellt.

Figur 1. Das Siebbein und die Riechnerven, von der rechten Seite gesehen.

a. Das Siebbeinlabyrinth,
b. die oberste Muschel.
1. Die Höhle des Riechnervenknollens,
2. 2. die Riechnerven (nervi olfactorii), welche aus dem Knollen entspringen und sich in der Schleimhaut des Siebbeins verbreiten;
3. der Siebbeinast des fünften Nervens (10. Fig. 2.).

Figur 2. Die Nerven am rechten Auge, von innen und oben gesehen.

Der Schädel ist der Länge nach senkrecht durchgeschnitten, die innere Wand der Augenhöhle, der Augenbogen und die Augenhöhlenhaut sind hinweggenommen.

a. Die Thränendrüse,
b. der Heber des oberen Augenliedes,
c. der Rollmuskel,
d. der Rollknorpel,
e. der obere gerade,
f. der innere gerade Augenmuskel,
g. das obere Augenlied,
h. Schnittfläche des Augenbogens,
i. die Jochbrücke,
k. die Schläfengrube,
l. Höhle für das große Gehirn,
m. Höhle für das kleine Gehirn.
1. Der Sehnerv (nervus opticus), ist nur bis an die Augenmuskeln sichtbar,
2.2. der dritte oder gemeinschaftliche Augenmuskelnerv (nervus tertius s. oculo-motorius communis) theilt sich in
2a. den oberen Ast, und in
2b. den unteren Ast (beide s. 3. und 4. Fig. 3.).
3.3. Der vierte oder Rollmuskelnerv (nervus quartus s. trochlearis s. patheticus) liegt am weitesten nach außen und verzweigt sich in den Rollmuskel (c.).
4a. Der erste und zweite Ast des fünften Nervens, noch verbunden;
4b. der erste oder Augenast (ramus primus s. ophthalmicus nervi trigemini) theilt sich in drei Aeste, nämlich in
5. den Thränenast (ramus lacrymalis), welcher wieder getheilt unter der Augenhöhlenhaut nach vorn läuft und sich in
6. den äußeren und
7. den inneren Zweig spaltet, welche sich unter einander verbinden; jener geht über die Jochbrücke nach hinten, dieser durch die Thränendrüse in die Stirnhaut und ins obere Augenlied. Der zweite aus dem Augenaste entspringende Nerv ist
8. der Stirnast (ramus frontalis), welcher durch das Augenbogenloch heraustritt, hier aber abgeschnitten ist. Der dritte Ast heißt

9. Nasenast oder Nasenaugenast (ramus naso-ciliaris s. naso-ocularis); er theilt sich wieder in
10. den Siebbeinnerven oder inneren Nasennerven (ramus ethmoidalis s. nasalis internus), welcher abgeschnitten ist, und in
11.11. den unteren Rollnerven (ramus infratrochlearis), welcher sich am inneren Augenwinkel in der Haut verzweigt.
12.12. Der sechste oder äußere Augenmuskelnerv (nervus sextus s. abducens).

Figur 3. Die Nerven am rechten Auge, von innen und unten gesehen.

a. Das untere Augenlied,
b. der Blinzknorpel,
c. der untere schiefe Augenmuskel,
d. der äußere gerade,
e. der untere gerade,
f. der innere gerade Augenmuskel,
g. der Grundmuskel,
h. der Rollmuskel.
1.1. Der Sehnerv, ist bis zu seinem Eintritt in den Augapfel frei,
2. der dritte oder gemeinschaftliche Augenmuskelnerv; er theilt sich in
3. den oberen Ast (ramus superior), welcher in dem oberen und inneren geraden Augenmuskel (f.), im Heber des Augenliedes und im Grundmuskel sich verzweigt;
4. der untere Ast (ramus inferior) ist stärker, und giebt zuerst die kurze Wurzel zum
5. Augenhöhlen- oder Blendungsnervenknoten (ganglion ciliare), aus welchem
6. kleine Fäden zum Keil-Gaumenbeinknoten (rami ad ganglion sphenopalatinum) abgehen (die hier abgeschnitten sind); dann giebt der untere Ast noch Zweige für den inneren (f.) und unteren (e.) geraden Augenmuskel, und
7. einen langen Zweig zum unteren schiefen Muskel (c.).
8. Der vierte oder Rollnerv.
9. Der Nasenast vom Augenaste des fünften Nervens (9. Fig. 2.), giebt ab

10. den Blendungsnerven (ramus ciliaris), und dieser theilt sich in
11. die lange Wurzel zum Blendungsknoten (ram. cil. ad ganglion), und in
12. 12. den eigentlichen Blendungsnerven, von welchem zwei Aestchen mit mehreren dünnen Faden am Ende des Sehnervens in den Augapfel treten.
13. Der fortlaufende Nasenast theilt sich in
14. den Siebbeinnerven (abgeschnitten) und in
15. den unteren Rollnerven (11. 11. Fig. 2.).
16. 16. Der sechste oder äußere Augenmuskelnerv verzweigt sich im äußeren geraden (d.) und im Grundmuskel (g.).
17. Der zweite oder Oberkieferast des fünften Nervens (ramus secundus s. maxillaris superior nervi trigemini) giebt ab:
18. die Unteraugenlied- oder Wangenhautnerven (nervi subcutanei malae),
19. den kleinen Gaumennerven (nervus palatinus minor),
20. den großen Gaumennerven (nervus palatinus major),
21. den Nasen-Gaumennerven (nervus naso-palatinus),
22. den Unteraugenhöhlennerven (n. infraorbitalis) und
23. den oberen Zahnnerven (nerv. dentalis superior).

Figur 4. Der Blendungsknoten, von der rechten Seite.

1. Der Sehnerv,
2. der gemeinschaftliche Augenmuskelnerv,
3. der Blendungsknoten,
4. die kurze Wurzel desselben, vom gemeinschaftlichen Augenmuskelnerven;
5. ein dünner Faden, der vom Blendungsknoten wieder an den dritten Nerven geht,
6. Zweige zum Keil-Gaumenbeinknoten.

Figur 5. Die Blendungs- oder Ciliarnerven am rechten Auge.

a. a. Die durchsichtige und undurchsichtige Hornhaut, in vier Lappen zurückgelegt,
b. der Sehnerv,
c. die Aderhaut,
d. die Regenbogenhaut,

e. die Pupille.

Die Nerven gehen von hinten nach vorn über die Aderhaut hinweg, einige verbinden sich an der Regenbogenhaut zu einem Kranze, andere gehen unter diesem Kranze hinweg unmittelbar zur Regenbogenhaut.

Tabula 60.

Figur 1. Der rechte Augapfel mit den an seiner inneren Seite liegenden Nerven, in Naturgröße.

a. Der Augapfel, von der Augenhöhlenhaut bedeckt;
b. der Oberkiefer,
c. die Schedelhöhle,
d. Durchschnitt des Keilbeinkörpers.
1. Der Sehnerv,
2. der gemeinschaftliche Augenmuskelnerv,
3. der äußere Augenmuskelnerv,
4. der erste und zweite Ast des fünften Nervens,
5. der Unteraugenhöhlennerv (2. Fig. 2.),
6. der Gaumen-Nasennerv,
7. der große Gnumennerv,
8. die kleinen Gaumennerven, alle drei sind Aeste des Keil-Gaumenbeinnervens.
9. Der Keil-Gaumenbeinknoten (ganglion spheno-palatinum), aus welchem
10. der Flügelnerv, zurücklaufende oder Vidi'sche Nerv (nervus quinti recurrens s. pterygoideus s. Vidianus) entspringt; dieser giebt
11. kleine Zweige an die Schleimhaut der hintern Nasenöffnungen und des Schlundkopfes ab.
12. Verbindungszweige zwischen dem dritten,
13. Verbindungszweig zwischen dem sechsten Nerven und dem Keil-Gaumenbeinknoten.
14. Geflecht, welches die Siebbeinarterie und den Siebbeinnerven (10. Fig. 2. Tab. 59.) begleitet (plexus ethmoidalis), aus dem Keil-Gaumenbeinnerven entspringend.

Figur 2. Die Zahnnerven am rechten Oberkiefer, von der äußern Seite gesehen.

a—a. Die Wurzeln der Backenzähne,
b. die Wurzel des Hakenzahnes } durchgespalten.
c. die Wurzel des äußeren Eckzahnes }
d. d. Die Oberkieferhöhle,
e. der Unteraugenhöhlenkanal.
1. Der Sehnerv,
2. 2. der Unteraugenhöhlennerv (nervus infraorbitalis), bei seinem Austritt aus dem Kanale abgeschnitten; er giebt vorher
3. 3. den vorderen Zahnnerven (nervus dentalis anterior) ab, und von diesem gehen
4—4. Zweige an die drei vorderen Backenzähne, an den Hakenzahn und an die Schneidezähne.
5. Zweige für den vierten und fünften Backenzahn, welche aus dem Unteraugenhöhlennerven entspringen.
6. Die hinteren Zahnnerven (nervi dentales posteriores) entspringen aus demselben Äste, und gehen theils an den sechsten Backenzahn, theils an die Schleimhaut der Kieferhöhle.
7. Die Aeste des Keil=Gaumenbeinnervens (6—8. Fig. 1.).

Figur 3. Darstellung der rechten Gaumennerven, von unten gesehen.

1. Die kleinen Gaumennerven (nervi palatini minores) verzweigen sich in dem Gaumensegel (a.);
2. 2. der große Gaumennerv (nervus palatinus major) tritt aus dem Gaumenkanale hervor, geht zwischen dem knöchernen Gaumen und der Gaumenhaut nach vorn, bildet viele Geflechte, und endigt im Zahnfleische der Schneidezähne.

Figur 4. Die Nerven vom dritten Äste des dreiästigen Nervens; von der linken Seite gesehen.

a. Backenmuskel,
b. Backenzahnmuskel,
c. c. Herabzieher der Unterlippe,
d. der äußere Kaumuskel,

e. e. Schnittflächen der abgenommenen Jochbrücke,
f. Schläfenmuskel,
g. Kronenfortsatz des Unterkiefers (durch Punkte bezeichnet),
h. Gelenkfortsatz desselben (abgeschnitten),
i. der äußere Gehörgang,
k.k. Backendrüse.
1. Der oberflächliche Schläfennerv (abgeschnitten),
2. der Zungenast,
3. die Paukensaite,
4. der Unterkiefernerv, } (9. 15. 18. Fig. 1. Tab. 61.).
5.5. Der Kaumuskelnerv (nervus massetericus) geht zwischen dem Kronen- (g.) und Gelenkfortsatze (h.) des Unterkiefers hindurch, und verzweigt sich im äußeren Kaumuskel (d.); vorher aber giebt er
6. die tiefen Schläfennerven (nervi temporales profundi) ab, welche für den Schläfenmuskel (f.) bestimmt sind.
7. Der Backennerv oder Wangennerv (nervus buccinatorius) verläuft bei
8.8. zwischen dem Backenzahnmuskel (b.) und dem äußeren Kaumuskel, giebt an jenen mehrere Zweige, andere an die Backendrüse (k. k.), an den Backenmuskel (a.) und endigt im Kreismuskel der Unterlippe; er giebt auch
9. einen Verbindungszweig an
10. einen Zweig des Antlitznervens, welche vereinigt im Herabzieher der Unterlippe (c. c.) verlaufen.

Tabula 61.

Figur 1. Die linke Hälfte des Kopfes, die Nasen- und Zungennerven enthaltend; von der innern Seite gesehen. Halbe Naturgröße.

a. Die Schädelhöhle,
b. die Schleimhaut der Nasenscheidewand, von welcher der Knorpel und das Pflugschaarbein entfernt worden sind,
c.c. der Jacobson'sche Kanal der linken Seite (geöffnet),
d. die hintere Nasenöffnung,
e. der harte Gaumen,

f.f. der linke große Ast des Zungenbeines (ein Stück ist herausgeschnitten und das Fehlende durch Puncte bezeichnet),
g. der obere Zungenbein-Schlundkopfmuskel (m. stylo-pharyngeus),
h.h. der Flügelmuskel oder innere Kaumuskel (ein Theil ist herausgeschnitten),
i. der breite Zungenbeinmuskel (m. stylo-hyoideus),
k. die Unterzungendrüse,
l.l. die Zunge, auf die rechte Seite gelegt, so daß die linke Seite oben und an der Spitze die untere Fläche oben ist,
m. der Kinn-Zungenmuskel,
n. die innere Kinnbackenarterie,
o. die innere Kopfarterie.
1. Der innere Zweig des Siebbeinnervens (10. Fig. 2. Tab. 59.), welcher sich in der Schleimhaut der Scheidewand verzweigt;
2. dünne Zweige, des Riechnervens,
3. längere und stärkere (graue) Zweige des Riechnervens, die in den Jacobson'schen Kanal (c. c.) dringen.
4. Der innere Ast des Nasen-Gaumennervens (21. Fig. 3. Tab. 59.), welcher
5. Zweige an die Schleimhaut der Nasenscheidewand abgiebt, dessen
6. stärkerer Ast mit einem Zweige in den Jacobson'schen Kanal geht, und mit dem anderen, der unter dem Kanal nach vorn geht bei
7. an den harten Gaumen tritt.
8. Der Stamm des Zungen- und Unterzahnhöhlennervens (vom dritten Aste des fünften Nervens),
9. der Zungennerv (ramus lingualis s. gustatorius) geht zwischen der inneren Fläche des Unterkiefers und der äußeren Fläche des Flügelmuskels nach unten und vorn, giebt zuerst
10. einen kleinen Zweig an die Maulschleimhaut, und theilt sich dann in
11. den unteren (kleineren) Ast, welcher Zweige an die Maulschleimhaut abgiebt, durch die Unterzungendrüse (k.) hindurchgeht, ihr Zweige giebt, und dann im Zahnfleische der Schneidezähne und des Hakenzahnes endigt;
12.12. der obere (größere) Ast des Zungennervens geht zwischen dem Grund- und Kinnzungenmuskel nach vorn, giebt in der Mitte der Zunge
13. viele kleine Zweige an das Fleisch und die Haut der

Zunge, welche den Unterzungennerven (25. 26.) fast ganz bedecken, verbindet sich mit dem unteren Äste durch einen Zweig und verzweigt sich bei

14. in der Spitze der Zunge, wo er mit den Zweigen des Unterzungennervens Schlingen bildet. Mit dem Zungennerven verbindet sich
15. die Paukensaite (chorda tympani), ein Zweig des siebenten Nervens.
16. Der innere Kaumuskelnerv (ramus pterygoidéus), ein Zweig des dritten Astes vom fünften Nerven;
17. Zweige des Ohrdrüsengeflechtes (plexus parotideus), die sich mit Zweigen des siebenten Nervens verbinden.
18. Der Unterkiefernerv oder Unterzahnhöhlennerv (ramus maxillaris inferior s. alveolaris maxillae inferioris) tritt in den Unterkieferkanal und geht in diesem nach vorn (vergl. Fig. 3.); vorher giebt er
19. den Nerven des breiten Zungenbeinmuskels (nervus mylo-hyoideus) ab.
20. Der große sympathische Nerv,
21. der Zungenast vom neunten oder Zungenschlundkopfnerven,
22. der zehnte, oder herumschweifende Nerv,
23. der eilfte oder Beinerv,

24.24. der Unterzungen- oder Zungenfleischnerv (nervus hypoglossus s. sublingualis) geht unter dem großen Zungenbeinaste herab und nachdem er die Zunge erreicht hat, theilt er sich in

25. den äußeren, und in

26.26. den inneren Ast, welcher bis an die Zungenspitze geht, und dort sich mit dem Zungennerven (vom fünften) verbindet.

Figur 2. Die linke Nasenhöhle, von der inneren Seite gesehen.

a. Das Siebbeinlabyrinth,

b. die obere (vordere) Nasenmuschel,

c. c. die untere (hintere) Nasenmuschel (der Länge nach aufgeschnitten),

d. die Stirnhöhle.

1. Der Stamm des Nasen-Gaumennervens,
2. der äußere Ast, welcher kleine Zweige an die untere und obere Nasenmuschel abgiebt, und

3. einen langen Zweig, der sich in der unteren Muschel verbreitet;
4. der innere Ast (abgeschnitten), welcher an die Scheidewand geht (4. Fig. 1.).
5. Der Siebbeinnerv (10. Fig. 2. Tab. 59.),
6. der Zweig an die Scheidewand (1. Fig. 1. Tab. 61.), welcher abgeschnitten ist,
7. Zweige an die obere Muschel.

Figur 3. Darstellung des rechten Unterzahnhöhlennervens; von der inneren Seite.

a. a. Die Kronen der Backenzähne,
b—b. die Wurzeln derselben,
c. die Schneidezähne,
d. der Hakenzahn.
1, 1. Der Unterzahnhöhlennerv (nervus alveolaris maxillae inferioris) tritt in den Kanal des Unterkiefers (s. 18. Fig. 1.), geht unter den Backenzähnen nach vorn, und nachdem er noch Zweige an die Schneidezähne und den Hakenzahn abgegeben hat, tritt er durch das Kinnloch wieder heraus, um sich in der Unterlippe zu verzweigen. Von ihm gehen ab,
2—2. sehr dünne Zweige an das Zahnfleisch, welche zwischen den Tafeln des Unterkiefers und den Zahnwurzeln schräg vorwärts gehen und durch kleine Löcher heraustreten;
3—3. Nervenzweige, welche in die Zahnwurzeln treten (rami dentales); sie sind auch sehr dünn, und bilden kleine Geflechte;
4. ein Zweig für den Hakenzahn,
5. Zweige für die Schneidezähne.

Figur 4. Ein Backenzahn mit seinen Nerven, in natürlicher Größe.

1. Der Stamm des Nervens,
2. 2. die Zweige für den Zahn.

Tabula 62.

Figur 1. Die Lippen-Nerven, von der rechten Seite. Naturgröße.

a. Der Heber der Oberlippe,

b b. mehrere Haarzwiebeln der Fühlhaare, an welche Nervenzweigchen gehen.

1.} Die oberflächlichen Nasen-Nerven (nervi nasa-
3.} les superficiales) sind Zweige des Unter-Augenhöhlen-Nervens, und gehen an die Haut der Nase.

2. Der untere Nasen-Nerv (nervus nasalis inferior) kommt von demselben Stamme, geht unter dem falschen Nasenloche und über den oberen Rand des Zwischenkieferbeines in die Nase, und verzweigt sich in der Nasenschleimhaut.

4. Der Stamm des Unter-Augenhöhlen-Nervens (nervus infraorbitalis) theilt sich in

5.5. viele Nerven der Oberlippe (nervi labii superioris), welche den Kreismuskel durchbohren und in der Haut endigen; daher die große Empfindlichkeit der Lippen.

6. Zweige des Antlitz-Nervens, welche sich theils mit jenen verbinden, theils in den Muskeln endigen.

7. Der Kinn-Ast (ramus mentalis) des Unterkiefer-Nervens tritt durch das Kinnloch aus dem Unterkieferkanal hervor, und theilt sich in die Nerven der Unterlippe (nervi labii inferioris).

8. Zwei Hautzweige vom oberflächlichen Schläfen-Nerven (s. Fig. 2.).

Figur 2. Die Nerven am Antlitz, von der rechten Seite.

1. Der Antlitz- oder Gesichts-Nerv (nerv. facialis s. communicans faciei) tritt durch das Warzenloch aus der Schädelhöhle, ist anfangs von der Ohrspeicheldrüse bedeckt und giebt ab:

2. den hinteren Ohrnerven (nerv. auricularis poste-

N

rior), welcher sich in den Hebern und Auswärtsziehern des Ohres verzweigt;

3. den unteren Ohrnerven (nerv. auricularis inferior), welcher unter der Ohrmuschel nach der Mitte des Kopfes hingeht, um sich in den Einwärtsziehern und in dem gemeinschaftlichen Ohrmuskel zu endigen;
4. den inneren Ohrnerven (nerv. auricularis internus), welcher an dem langen Fortsatze der Ohrmuschel hinaufgeht, durch ein Loch an die innere Fläche der Ohrmuschel tritt, und sich in der Haut verzweigt.
5. Der Schläfen-Joch-Nerv (nerv. temporali-zygomaticus), auch Stirn-Nerv genannt, ist der stärkste von den bisher genannten Aesten, geht über die Jochbrücke aufwärts bis an den Augenbogen; er giebt ab:
6. den vorderen Ohrnerven (nerv. auricularis anterior) für die Ohrmuskeln,
7. einige Zweige an den Kreismuskel der Augenlieder und an die Haut,
8. mehrere Zweige, die unter dem gemeinschaftlichen Ohrmuskel bis an den Augenbogen nach vorn gehen, und dort mit Zweigen
9. des äußeren Astes des Thränen-Nervens (6. Fig. 2. Tab. 59.), so wie mit
10. Zweigen des Stirn-Nervens (8. Fig. 2. Tab. 59.) sich verbinden. Von dem unteren Rande des Antlitz-Nervens gehen ferner ab:
11. der Griffel-Zungenbein-Nerv (nerv. stylohyoideus), welcher sich in den Griffel-Zungenbein-, Griffel-Kiefer- und zweibäuchigen Muskel verzweigt,
12. der Halshaut-Nerv (nerv. subcutaneus colli), welcher mehrere Schlingen bildet und sich mit dem Hautnerven vom dritten Halsnerven verbindet. (Das Ohrdrüsengeflecht ist hier nicht erhalten, sondern 17. Fig. 1. Tab. 61. abgebildet.) Der Antlitz-Nerv theilt sich nun in zwei Aeste, nämlich in die Backen-Nerven (nervi buccales), welche eine Schlinge bilden und den oberflächlichen Schläfen-Nerven zwischen sich haben.
13. 13. Der untere Backen-Nerv wird vom oberflächlichen Schläfen-Nerven, mit dem er sehr innig verbunden ist, begleitet, giebt einen starken Ast (15.) an den oberen und verzweigt sich in den Muskeln der Backe, nachdem er vorher noch eine Schlinge (16.) mit dem oberen Aste gebildet hat.

14. Der obere Backen=Nerv erhält Zweige vom Stamme und vom oberflächlichen Schläfen=Nerven, macht in der Mitte des äußeren Kaumuskels
15. die erste Schlinge, und am vorderen Rande dieses Muskels
16. die zweite Schlinge mit dem oberen Backen=Nerven und giebt dann
17. Verbindungszweige an den Unter=Augenhöhlen=Nerven, und Zweige an die Lippenmuskeln.
18. Der oberflächliche Schläfen=Nerv (nervus temporalis superficialis) ist ein Ast des Unterkiefer=Nervens vom 5ten, tritt am Gelenkfortsatze des Unterkiefers hervor, und theilt sich in zwei Aeste,
19. der obere Ast ist der schwächere; er geht mit zwei Zweigen an der Jochleiste nach vorn, giebt zwei Zweige an den oberen Backen=Nerven, indem er bei
20. eine Schlinge mit ihm bildet, und endigt in der Haut;
21. der untere und stärkere Ast begleitet den unteren Backen=Nerven, giebt oben mehrere Hautzweige ab, die bei
22. eine Schlinge bilden, giebt ferner
23. einen Zweig an den Halshautnerven, bildet bei
24. eine Schlinge mit einem Zweige des oberen Backen=Nervens und endigt mit mehreren Zweigen in der Wangenhaut und in der Unterlippe.
25. Der Unter=Augenhöhlen=Nerv.

Figur 3. Die rechte Hälfte des Hirnschädels mit geöffneter Paukenhöhle; von der inneren Seite gesehen.

a. Die Eustach'sche Trompete,
b. die innere Kopf=Arterie (nach oben zurückgeschlagen),
c. der Paukenfellspanner,
d. der Steigbügel,
e. das Paukenfell und der Hammerstiel,
f. die innere Fläche des Paukenknochens.
1. Der Flügelnerv oder Vidi'sche Nerv (nerv. pterygoideus s. Vidianus) tritt aus dem Flügelkanal hervor, läuft über der Eustach'schen Trompete nach hinten und giebt
2. zwei Fäden an

3. den großen sympathischen Nerven (welcher nach oben zurückgeschlagen ist) ab; der fortlaufende Nerv heißt
4. der oberflächliche Felsenbein-Nerv (nerv. petrosus superficialis) und verbindet sich mit
5. dem Antlitz-Nerven.
6. Der Paukenhöhlen-Nerv (nerv. tympanicus Arnold) geht durch die Paukenhöhle und endigt im
7. Knoten des Zungen-Schlundkopf-Nervens.
8. Der zehnte,
9. der eilfte Nerv.
10. Der fünfte Nerv,
11. ein Nervenfaden für den Paukenfellspanner.

Figur 4. Der hintere Theil der rechten Hälfte des Hirnschädels mit geöffneter Paukenhöhle von der inneren Seite.

a. Der Paukenfellspanner,
b. der Steigbügel,
c. das Paukenfell und der Hammerstiel,
d. die innere Fläche des Paukenknochens.
1. Der fünfte Nerv,
2. der erste und zweite Ast (vereinigt) desselben,
3. der dritte Ast.
4. Ein kleiner Nervenknoten auf dem dritten Aste, von welchem Fäden zu
5. dem Ohrknoten (ganglion oticum Arnold) gehen; aus diesem gehen mehrere Fäden hervor und auch
6. ein Faden für den Paukenfellspanner.

Figur 5. Der hintere Theil der linken Hälfte des Hirnschädels mit geöffneter Paukenhöhle, von der äußeren Seite gesehen.

a. Die Eustach'sche Trompete,
b. der Hammerstiel,
c. der Ambos und Steigbügel,
d. das Vorgebirge (unter welchem die Schnecke liegt).
1. Der Antlitznerv giebt vor seinem Austritt aus dem Warzenloch

2.2. die Paukensaite (chorda tympani) ab, welche in einem kleinen Knochenkanal in die Paukenhöhle tritt, zwischen dem Hammer und Ambos nach vorn durch geht, aus der Paukenhöhle heraustritt und sich mit
3. dem Zungenaste des fünften Nervens verbindet.
4. Der Paukenhöhlen-Nerv,
5. der 9te, 10te und 11te Nerv,
6. der zwölfte Nerv.

Figur 6. Das rechte Labyrinth, von der inneren Seite geöffnet.

a. Die Schnecke,
b. der Vorhof.
1. Der Antlitz-Nerv (zurückgeschlagen),
2. der Hör-Nerv (nervus acusticus); er theilt sich in
3. den Nerven der Schnecke (nerv. cochleae) und in
4. den Nerven des Vorhofes (nerv. vestibuli).

Figur 7. Der rechte Hör-Nerv mit dem Felsenbeine, von der inneren Seite gesehen.

1. Der Hör-Nerv,
2. ein Zweig für die Schnecke,
3. der Nerv des Vorhofes,
4. Zweige für die Bogengänge.

Figur 8. Die linke Schnecke mit dem Nerven, von der inneren Seite.

1. Der Nerv der Schnecke.
a. Die Schnecke (geöffnet).

Figur 9. Die Gehör-Knöchelchen mit den Muskeln vom rechten Ohre; von der äußeren Seite gesehen. Naturgröße.

1. Der Hammer (malleus),
2. der Ambos (incus),

3. der Steigbügel (stapes),
4. der Paukenfellspanner (tensor tympani),
5. der Steigbügelmuskel (musc. stapedius).

Figur 10. Zwei Gehörknöchelchen mit einem Muskel. Naturgröße.

1. Der Paukenfellspanner,
2. der Stiel } des Hammers,
3. der Kopf }
4. der Körper }
5. der kurze Schenkel } des Amboses,
6. der lange Schenkel }
7. das Linsenbeinchen (os lenticulare).

Figur 11. Der Steigbügel mit seinem Muskel. Naturgröße.

1. Der Steigbügel,
2. der Steigbügelmuskel.

Tabula 63.

Figur 1. Der hintere Theil der linken Hälfte des Kopfes mit den letzten Gehirn-Nerven. Naturgröße.

a. Die Näsenscheidewand,
b. die Eustach'sche Trompete,
c. der linke Luftsack,
d. der Schlund,
e. der Schlundkopf,
f. die Schilddrüse,
g. die Luftröhre,
h. der große Ast des Zungenbeines (durch Punkte bezeichnet),
i. der Grund der Zunge.

1. Der Schädeltheil des fünften Nervens (nervus trigeminus),
2. der Schädeltheil des sechsten Nervens (nerv. abducens), eine Strecke frei gelegt;
3. der Antlitz-Nerv (nerv. facialis),
4. der Hör-Nerv (nerv. acusticus), beide sind, durch Entfernung des Knochens, freigelegt, um
5. den oberflächlichen Zweig des Vidi'schen Nervens (nervus petrosus superficialis) und
6. den Verbindungszweig zwischen beiden Stämmen zu sehen.
7.7. Der Zungen-Schlundkopf-Nerv oder der neunte (nervus glosso-pharyngeus) bildet außerhalb der Schädelhöhle einen länglichen Knoten, und geht an Schlundkopf und Zunge (vergl. 37—40.). Zuvor giebt er noch
7a. einen Zweig ab, der sich um die Hinterhauptsarterie umschlägt, und im Schlundkopfgeflecht (16.16.) endigt.
8.8. Der herumschweifende oder Lungen-Magen-Nerv oder der zehnte (nervus vagus s. pneumo-gastricus) entspringt mit mehreren Wurzeln, tritt mit dem 9ten und 11ten Nerven durch das gerissene Loch (welches hier aufgebrochen ist), läuft mit dem sympathischen Nerven neben der Luftröhre herab, und giebt vorher ab:
9.9. den Schlundkopfast (vergl. 41.),
10. den oberen Kehlkopfast (vergl. 42. und Fig. 2.). Dieser giebt noch
11. einen Zweig an den sympathischen und an den Stamm des Lungen-Magen-Nervens, und
12. einen besonderen Zweig an den letzten; ferner erhält der obere Kehlkopfast
13. zwei Zweige vom ersten Halsknoten des sympathischen Nervens. Der Schlundkopfast giebt noch
14. einen Zweig an den Stamm des Lungen-Magen-Nervens, und
15. einen Zweig an den Zungenfleisch-Nerven (20.).
16.16. Das Schlundkopfgeflecht (plexus pharyngeus) wird aus Zweigen vom 9ten, 10ten, 11ten und 12ten Nerven und vom sympathischen Nerven gebildet, und versieht den Luftsack und Schlundkopf.
17.17. Der Bei-Nerv oder eilfte Nerv (nerv. accessorius) ist ein Rückenmarksnerv, er geht aber durch das gerissene Loch aus der Schädelhöhle und giebt
18. einen starken Zweig an den Knoten des sympathischen Nervens, dann

19. einen schwachen Zweig, der sich mit dem ersten Halsnerven und indem er sich um die Hinterhauptsarterie umschlägt mit dem Schlundkopfgeflecht verbindet.

20.20. Der Zungenfleisch= oder Unterzungen=Nerv oder der zwölfte (nerv. hypoglossus) geht durch das Loch im Knopffortsatze, und endigt in der Zunge (vergl. 43. und Fig. 1. Tab. 61.). Nahe am Schädel giebt er

21. zwei Zweige an den Knoten des sympathischen Nervens.

22.22. Der erste Hals= oder Nacken=Nerv (nerv. cervicalis primus) schickt auch

23. einen Zweig an

24. den spindelförmigen oder obersten Halsknoten des großen sympathischen Nervens (ganglion fusiforme s. cervicale supremum nervi sympathici). Von diesem Knoten gehen nach oben:

25. mehrere zu einem Geflecht verbundene Zweige, welche die innere Kopfpulsader begleiten,

26. ein Zweig an den 9ten und 10ten Nerven,

27. ein Zweig an den 7ten Nerven,

28. den stärksten Ast an den 5ten und 6ten Nerven; dieser theilt sich in

29. den hinteren, stärkeren Zweig, welcher an den Gasser'schen Knoten des 5ten Nervens geht, und in

30. den vorderen, schwächeren Zweig, von welchem

31. sehr schwache Zweige mit der inneren Kopfpulsader in die Schädelhöhle gehen,

32. zwei Zweige an den Vidi'schen Nerven und

33. zwei Zweige an den 6ten Nerven treten. Aus dem Knoten geht

34.34. der Stamm des sympathischen Nervens herab, ferner

35. einige Zweige an das Schlundkopfgeflecht (16.) und

36. ein Zweig, welcher die Drosselarterie abwärts begleitet.

37. Der Zungen=Schlundkopf=Nerv der rechten Seite; er theilt sich in

38.38. den Schlundkopfast (ramus pharyngeus), der sich im Schlundkopfe und Gaumensegel verzweigt, und in

39.39. den Zungenast (ramus lingualis), welcher die Zungenbein=Muskeln, den Grund der Zunge und mit

40. einigen sehr schwachen Zweigen die wallförmige Warze der Zunge versorgt.

41.41. Der Schlundkopfast des Lungen-Magen-Nervens, (ramus pharyngeus), 42. der obere Kehlkopf-Nerv (ramus laryngeus superior) desselben, 43.43. der Zungenfleisch-Nerv, 44. der untere Kehlkopf-Nerv des Lungen-Magen-Nervens (ramus laryngeus inferior).	von der rechten Seite.

Figur 2. Die Nerven des Kehlkopfes; von der rechten Seite. Naturgröße.

a. Der Kehldeckel,
b. die Gießkannenknorpel,
c. ein Theil des Schildknorpels (das Uebrige ist entfernt),
d. der Ringknorpel,
e. der obere } Schild-Gießkannen-Muskel,
f. der untere }
g. der seitliche } Ring-Gießkannen-Mukel,
h. der hintere }
i. der Gießkannen-Muskel.
1. Der obere Kehlkopf-Nerv (nerv. laryngeus superior) tritt durch das vordere Loch in den Kehlkopf, giebt
2. Zweige an die Schleimhaut, dann
3. Verbindungszweige an den unteren Kehlkopfnerven, und
4. einen Zweig an die Luftröhre.
5. Der untere Kehlkopf- oder zurücklaufende Nerv (nerv. laryngeus inferior s. recurrens) kommt aus der Brusthöhle herauf, giebt
6.6. zwei lange Zweige und einen kurzen an den hinteren Ring-Gießkannen-Muskel (h.),
7. einen Zweig an den Gießkannen-Muskel (i.) und
8. Zweige an die drei übrigen Muskeln (e. f. g.).

Tabula 64.

Figur 1. Hals und Brust mit dem Lungen-Magen-, großen sympathischen und Zwerchfells-Nerven; von der rechten Seite.

a. Die Schilddrüse, b. b. die Luftröhre (die rechte Lunge ist abgeschnitten), c. der Brust-Kiefermuskel, d. der untere

Rippenhalter (m. scalenus inferior), e. e. die Wirbelarterie, f. f. die Drosselarterie, g. Stamm der Achselarterie oder Schlüsselbeinarterie, h. Stamm der tiefen Nacken= und vorderen Zwischenrippen=Arterie, i. i. die hintere Aorta, k. k. der Milchbrustgang, l. l. die ungepaarte Vene (vorn abgeschnitten), m. die vordere Hohlvene, n. die hintere Hohlvene, o. der Herzbeutel mit dem Herzen, p. der hintere Theil des Mittelfelles, q. q. das Zwerchfell, r. der Schlund.

1—1. Der herumschweifende oder Lungen=Magen=Nerv (nervus vagus s. pneumo-gastricus) läuft mit dem sympathischen Nerven verbunden an und über der Drosselarterie (f. f.) herab, giebt in der Brusthöhle die oberen Luftröhrenzweige (rami tracheales) und

2. Zweige an die rechte Lunge; dann spaltet er sich in

3. den unteren und

4. 4. den oberen Ast, welche den Schlund zwischen sich haben, das obere Lungengeflecht (plexus pulmonalis superior s. posterior) bilden, mit

5. dem linken Lungen=Magen=Nerven

6. das Schlundgeflecht (plexus oesophageus) bilden und dann mit dem Schlunde an den Magen gehen. Vor dem Herzen giebt er

7. 7. den zurücklaufenden oder unteren Kehlkopfnerven (nervus recurrens s. laryngeus inferior) ab, welcher sich um die vordere Zwischenrippen=Arterie (auf der rechten Seite) umschlägt, mit dem sympathischen mehrfach verbunden ist, dann an der Luftröhre, vor der Drosselarterie hinaufläuft, viele Luftröhrenzweige abgiebt, und endlich in den Kehlkopf dringt (vergl. Tab. 63. Fig. 2.).

8. 8. Der große sympathische oder Dreihöhlen=Nerv (nerv. sympathicus maximus s. trisplanchnicus) begleitet den herumschweifenden Nerven bis gegen das untere Ende des Halses, giebt dort

9. einen starken Zweig an den zurücklaufenden Nerven, und bildet mit ihm und mit Zweigen vom herumschweifenden Nerven

10. 10. das untere Lungen= oder Luftröhren=Geflecht (plexus pulmonalis inferior s. anterior), endlich geht er in

11. den unteren Halsknoten (ganglion cervicale infimum) über. Aus diesem geht

12. ein starker Ast an den siebenten Halsnerven,

13. ein anderer an den achten Halsnerven und
14. ein dritter an den ersten Rückennerven. Dieser Knoten verbindet sich mit
15. dem ersten Brustknoten (ganglion thoracicum primum), giebt aber vorher
16. einen rückwärtslaufenden Nerven ab, welcher an das obere Lungengeflecht geht und sich mit
17. 17. den Verbindungsfäden, die zum Zwerchfellsnerven gehen, vereinigt.
18. 18. Das Herzgeflecht (plexus cardiacus) wird aus Fäden des herumschweifenden und des sympathischen Nervens gebildet, und versorgt das Herz mit Nerven (vergl. Tab. 66. Fig. 1. 2.).
19. 19. Der Brusttheil des sympathischen Nervens (pars thoracica nervi sympathici) geht unter den Rippenköpfen nach hinten und theilt sich in
20. den fortlaufenden Stamm oder Bauchtheil, und in
21. den großen (und kleinen) Eingeweide-Nerven (nervus splanchnicus major et minor), welche an die Bauch-Eingeweide gehen. Der Brusttheil des Nervens giebt an jeden Zwischenrippen-Nerven (32.)
22—22. Verbindungszweige, die um die Zwischenrippen-Arterien Geflechte bilden; ferner
23. Zweige an das Herzgeflecht und an den Zwerchfells-Nerven, und
24. 25. Zweige an das obere Lungengeflecht.

Der Zwerchfells-Nerv wird aus drei Wurzeln gebildet, nämlich aus
26. einem Zweige vom 5ten Halsnerven,
27. einem Zweige vom 6ten Halsnerven, und
28. einem Zweige vom 7ten Halsnerven.
29. 29. Der Stamm des Zwerchfell-Nervens (nervus phrenicus) geht an den Hohlvenen und über den Herzbeutel nach hinten, und verzweigt sich mit vielen Zweigen im Zwerchfelle.
30. Ein starker Zweig, der vom ersten Brustknoten in den Wirbelkanal geht;
31. der erste Rücken-Nerv,
32—32. die Zwischenrippen-Nerven.

Figur 2. Die Halswirbel und der erste Rückenwirbel, mit geöffnetem Wirbelkanal; von der linken Seite gesehen.

a. Der erste, b. der zweite, c. der dritte, d. der vierte, e. der fünfte, f. der sechste, g. der siebente Halswirbel, h. der erste Rückenwirbel, i. die erste, k. die zweite Rippe (abgeschnitten), l. l. der lange Halsbeuger, m—m. die Wirbel=Arterie, n—n. die Wirbelvene.

1. Der zweite
2. der dritte
3. der vierte
4. der fünfte
5. der sechste
6. der siebente
7. der achte

} Hals=Nerv.

8. Der erste Rücken=Nerv,
9. der untere Halsknoten und erste Brustknoten des sympathischen Nervens (vereinigt). Vom unteren Halsknoten geht
10. ein Zweig an den ersten Rücken=Nerven,
11. ein Zweig an den achten Hals=Nerven,
12. ein Zweig an den siebenten Hals=Nerven. Vom ersten Brustknoten tritt
13. 13. ein Zweig in den Wirbelkanal, der vom 6ten bis 2ten Hals=Nerven an jeden Verbindungszweige, auch kleine Zweige an die Wirbel=Arterie abgiebt, und so die Verbindung des sympathischen Nervens mit den Hals=Nerven vermittelt.

Tabula 65.

Figur 1. Darstellung der Eingeweide=Nerven der Bauchhöhle, von unten.

a. Der Schlund, b. der Magen (untere Fläche), c. Zwölffingerdarm, d. d. Leber (hintere Fläche), e. Milz, f. Pfeiler des Zwerchfelles, g. linke Nebenniere, h. linke Niere, i. Harnleiter, k. k. Eierstöcke, l. l. Gebärmutter, m. Harnblase, n. Harnröhre, o. Mutterscheide.

1. Die Eingeweide=Nerven (nervi splanchnici) treten aus der Brusthöhle hervor und gehen sogleich in
2. den halbmondförmigen Knoten oder das Sonnengeflecht (ganglion semilunare s. plexus solaris) über, welcher die vordere Gekrös= und Eingeweide=Pulsader umgiebt. Aus ihm entspringen;
3. das Nierengeflecht (plexus renalis), welches mit den Arterien an die Niere und Nebenniere geht;
4. ein dünner Zweig an das Zwerchfell,
5. das Eingeweidegeflecht (plexus coeliacus). Dieses theilt sich mit den drei Arterien in drei Geflechte, und zwar in
6. das Lebergeflecht (plexus hepaticus), welches die Leberarterie umschlingt und an die hintere Fläche der Leber geht; dann in
7. das Magengeflecht (plexus gastricus), welches mit der Kranzarterie an den Magen geht, um sich dort mit
8. dem linken und
9. dem rechten Lungen=Magen=Nerven verbindet; endlich geht
10. das Milzgeflecht (plexus splenicus) mit der Milzarterie an die Milz und an den Magen. Von dem Eingeweidegeflecht gehen Nervenfäden an
11. das vordere (obere) Gekrösgeflecht (plexus mesentericus anterior s. superior), welches ebenfalls aus dem halbmondförmigen Knoten entspringt, und mit den Dünndarm=Arterien gehen
11a. die Nerven an den Dünndarm (welche mit dem Gekröse abgeschnitten sind). Mit den Arterien gehen
12. die Nerven an den Blind= und Grimmdarm; endlich gehen
13. Verbindungszweige in dem Mastdarmgekröse nach hinten an das hintere Gekrösgeflecht, zu welchem auch noch
14. Fäden vom halbmondförmigen Knoten hinzutreten, die mit anderen vom Stamme des sympathischen Nervens kommenden
15. das Aortageflecht (plexus aorticus) bilden.
16. Das hintere (untere) Gekrösgeflecht (plexus mesentericus posterior s. inferior) enthält ebenfalls einen Knoten; aus ihm entspringen
17. die Nerven für den Mastdarm, welche mit den Arterien im Gekröse (das hier abgeschnitten ist) zum Darme hingehen. Aus ihm entspringt ferner
18. das Saamengeflecht (plexus spermaticus), welches

an die Eierstöcke (bei männlichen Thieren an die Hoden) geht; endlich gehen noch
19. zwei stärkere Aeste in die Beckenhöhle, um dort
20. 20. das Beckengeflecht (plexus hypogastricus), welches die Becken-Eingeweide versieht, zu bilden.

Figur 2. Der Bauch- und Becken-Theil des sympathischen Nervens, von unten gesehen.

a. Der Psoas-Muskel, b. der Pfeiler des Zwerchfelles, c. c. die Aorta, d. Seiten-Kreuzbein-Arterie (rechte), e. e. mittlere Schwanz-Arterie.
1. 1. Der Stamm des sympathischen Nervens geht neben der Wirbelsäule nach hinten, giebt
2. Zweige an das vordere, und
3. Zweige an das hintere Gekrösgeflecht, die zusammen das Aortageflecht bilden; ferner
4—4. Verbindungszweige an
5—5. } die Lenden-Nerven und an
6. }
7. die vorderen Kreuznerven. Am Kreuzbeine theilt sich der Nerv in den inneren und
8. den äußeren Zweig, welcher die seitliche Schwanzarterie begleitet, sich mit allen Schwanznerven verbindet, und bei
9. in dem fortlaufenden Schwanznerven endigt;
10. der innere Zweig des linken und
11. der innere Zweig des rechten sympathischen Nervens begleiten die mittlere Schwanzarterie (e. e.), verbinden sich bei
12. 13. 14. 15. zu Schlingen und kleinen Knoten, und endigen fast am hinteren Ende des Schwanzes.

Tabula 66.

Figur 1. Die Nerven an der linken Seite des Herzens.

a. a. Der Herzbeutel (aufgeschnitten), b. die vordere, c. die hintere Aorta, d. die Lungenarterie, e. die Kranzarterie, f. die

f. die Seitenwand der rechten Kammer, g. die Seitenwand der linken Kammer.
1. Der große Herznerv (nervus cardiacus magnus) theilt sich in
2. den vorderen Ast, welcher sich an dem rechten Herzohr und an der Seitenwand der rechten Kammer verzweigt, und in
3. 3. } den hinteren Ast, welcher sich am linken Herzohr und
4. } an der Seitenwand der linken Kammer verzweigt.

Figur 2. Die Nerven an der rechten Seite des Herzens.

a. Die hintere, b. die vordere Hohlvene, c. die Lungenvenen, d. die linke, e. die rechte Vorkammer, f. die Seitenwand der linken Kammer, g. die Seitenwand der rechten Kammer.
1. Zweige des großen Herznervens,
2. der kleine Herznerv (nervus cardiacus parvus) verbreitet sich an der rechten Seite des Herzens und verbindet sich mit den Fäden des großen.

Figur 3. Die Hautzweige der Halsnerven an der linken Seite.

1—6. Die Hautzweige der oberen Aeste der sechs vorderen Halsnerven.
7. Der Hautzweig vom unteren Aste des zweiten Halsnervens, er giebt ab:
8. den großen Ohrnerven (nervus auricularis magnus), welcher sich in der Haut des Nackens und der Ohrmuschel verzweigt, ferner
9. den unteren Ast, der
10. Zweige an die Haut des Kehlganges und des Antlitzes, und
11. Zweige an die Haut des Halses giebt.
12. Der Hautzweig vom unteren Aste des dritten }
13. — — — — — — vierten } Hals-
14. — — — — — — fünften } nervens.
15. — — — — — — sechsten }
16. 16. Der Bei-Nerv oder eilfte Nerv geht geschlängelt rückwärts und endigt an der Schulter (die Fortsetzung desselben s. Tab. 67. Fig. 2.).

Figur 4. Die Hautnerven an der unteren Fläche am Kopfe.

1. Die nach vorn gehenden Hautzweige des zweiten Halsnervens.

Tabula 67.

Figur 1. Die Halsnerven von der linken Seite; die oberflächlichen Zweige sind abgeschnitten.

a. Die Schilddrüse,
b. der Schulter-Zungenbein-Muskel (zweimal durchgeschnitten),
c. der Brust-Kinnbacken-Muskel.

1. Der obere Ast des ersten Halsnervens (ramus superior nervi cervicalis primi) ist stärker, als der untere, tritt durch das vordere innere Loch des Atlas heraus, und theilt sich in mehrere Zweige, die theils in die Kopfstrecker, theils an das Ohr gehen.
2. Der untere Ast desselben (ramus inferior) tritt durch das vordere äußere Loch unten hervor, und giebt
3. den vorderen Zweig ab, welcher mit mehreren Fäden in den Gesichtshautmuskel und in die Haut dringt, und einen Verbindungszweig an den zweiten Halsnerven schickt;
4. der hintere Zweig dieses Astes ist schwächer, und geht mit einem Zweige des zweiten an den unteren Ast des Beinervens.
5. Der zweite Halsnerv (nervus cervicalis secundus) tritt durch das vordere Loch des zweiten Halswirbels heraus, giebt sogleich Zweige an die Nackenmuskeln und
6. den oberen Ast, der an die Nackenmuskeln und mit mehreren Zweigen an die Haut des Nackens geht;
7.} 8.} der untere Ast geht größtentheils an die Haut des Halses, giebt aber
9. einen langen Zweig ab, der an der Luftröhre herabläuft, den Schulter-Zungenbein-Muskel versieht und im gemeinschaftlichen Muskel endigt.
11. Der dritte Halsnerv (nerv. cervicalis tertius) theilt sich in

12. den oberen und in
13. den unteren Ast; jener verzweigt sich in den Muskeln über der Wirbelsäule und in der Haut, dieser in den Muskeln unter der Wirbelsäule und auch in der Haut.
14. Der vierte Halsnerv (nervus cervicalis quartus) theilt sich wie der vorige in
15. den oberen und
16. den unteren Ast. Auch
17. der fünfte Halsnerv (nerv. cervicalis quintus) theilt sich in
18. den oberen und
19. den unteren Ast. Der sechste Halsnerv ist auch auf der Zeichnung dargestellt, aber nicht weiter bezeichnet.
20.20. Der obere Ast des Beinervens (abgeschnitten),
21.10. der untere Ast desselben empfängt einen Zweig vom zweiten Halsnerven, geht über die Schilddrüse herab, tritt schon oben in den Brust-Kinnbacken-Muskel und verzweigt sich in ihm.

Figur 2. Die Hautnerven am Rumpfe; von der linken Seite.

1.1. Das hintere Ende des Beinervens, welches sich in dem dreieckigen Muskel der Schulter verzweigt.
2—2. Die oberen Aeste der Rückennerven (nervi dorsales), welche in die Haut und in die Muskeln über der Wirbelsäule gehen.
3. Ein Hautzweig des sechsten Halsnervens, welcher aufwärts an die Haut der Schulter, und abwärts an die Haut des Armes geht.
4.
5.
6. } Drei Hautzweige vom unteren Aste des Mittelnervens.
7.7. Hautzweige der Zwischenrippennerven.

Tabula 68.

Figur 1. Die Nerven der linken vorderen Gliedmaaße; von der inneren Seite gesehen.

a. Der fünfte,
b. der sechste,
c. der siebente Halswirbel,
d. der erste Rückenwirbel (sämmtlich der Länge nach durchgeschnitten);
e. das Schulterblatt,
f. der breite gezahnte Muskel,
g. der breite Rückenmuskel und Bauch=Hautmuskel,
h. der Niederzieher des Armbeines,
i. i. der lange Strecker des Vorarmes,
k. k. der große Brustmuskel (durchgeschnitten),
l. der kleine Brustmuskel,
m. der lange Beuger des Vorarmes,
n. der Heber des Armes,
o. das untere Ende des Armbeines,
p. der Beuger des Schienbeines.
1. 1. Das Rückenmark,
2. der untere Ast des 6ten Halsnervens giebt
3. den Verbindungszweig zum Armgeflecht;
4. der siebente } Halsnerv,
5. der achte }
6. der erste Rückennerv; sie bilden vereinigt
7. das Armgeflecht (plexus brachialis); aus diesem entspringen
8.} die unteren Brustnerven (nervi thoracici inferiores)
9.} für die Brustmuskeln.
10. Der obere Schulternerv (nerv. scapularis) ist stärker und geht an die äußere Fläche des Schulterblattes (Fig. 3.); neben und hinter ihm liegt
11. der Muskel=Hautnerv (nerv. musculo-cutaneus), welcher sich um die Achselarterie umschlägt, dort
12. den Muskelzweig abgiebt, der sich im Heber des Armes und im langen Beuger des Vorarmes verzweigt,
13. den stärkeren Ast aber an den Speichennerven sendet.
14. Die Unterschulternerven (nervi subscapulares) gehen an die innere Fläche der Schulter;

15. der Speichennerv (nerv. radialis) wird durch den Muskel=Hautnerv beträchtlich verstärkt, giebt
16. einen Zweig an den großen Brustmuskel,
17. einen anderen an den breiten Brustmuskel und an die Haut, und bildet mit einem Zweige des Ellenbogennervens
18. eine Nervenschlinge. Hierauf spaltet sich der Speichen=nerv in
19. den inneren Hautnerven (nerv. subcutaneus internus) und in
20. den fortlaufenden Stamm; dieser giebt am Vorderarme
21. Zweige an die Zehenbeuger, und theilt sich weiter unten in
22. den inneren oder oberflächlichen Ast (ramus internus s. superficialis) und in
23. den äußeren oder tiefen Ast (ramus externus s. profundus), welche sich tiefer unten wieder durch
24. einen querlaufenden Zweig verbinden. An der Zehe spal=tet sich jeder Ast wieder in
25. den vorderen (ramus dorsalis) und in
26. den hinteren Ast (ramus volaris), welche in der das Hufbein umgebenden Lederhaut endigen.
27.27. Der Ellenbogennerv (nerv. ulnaris) begleitet den Mittelnerven und sendet
28.28. zwei starke Zweige an die Muskeln hinter der Schul=ter und an die Haut; tiefer unten
29. einen Zweig an die Haut des Vorarmes, und theilt sich am Ellenbogengelenk in einen Muskel=, und in einen Hautast.
30. Der Mittelnerv (nervus medianus), der stärkste der Armnerven, theilt sich bald in
31. den hinteren Ast, welcher für die Strecker des Vorderar=mes bestimmt ist, und in
32. den vorderen, der nach außen und unten geht, und in den Streckern an der vorderen Fläche des Vorderarmes sich verzweigt (vergl. Fig. 3.).
33. Der obere Brustnerv (nervus thoracicus superior) ist allein für den breiten gezahnten Muskel bestimmt.
34.34. Hautzweige der Zwischenrippenerven (abgeschnitten).
35. Verbindungszweig vom großen sympathischen Nerven.

Figur 2. Die Hautnerven an der inneren Seite des linken Vorderarmes.

1. Hautzweige vom Achselnerven (2. Fig. 3.),
2. Hautzweig vom Ellenbogennerven (29. Fig. 1.),
3. der innere Hautnerv (19. Fig. 1.).

Figur 3. Die Nerven an der äußeren Seite der linken vorderen Gliedmaaße.

a. Der vordere,
b. der hintere Grätenmuskel,
c. c. der lange Auswärtszieher des Armes,
d. der gemeinschaftliche Muskel,
e. der kurze Beuger des Vorderarmes,
f. f. der Strecker des Schienbeines,
g. der Strecker des Hufbeines,
h. der Strecker des Fesselbeines,
i. der äußere Kniebeuger,
k. der mittlere,
l. der lange Strecker des Vorderarmes,
m. der Kniestrecker.

1. Der vordere Schulternerv (10. Fig. 1.) verzweigt sich in den beiden Grätenmuskeln.
2. Der Achsel= oder umschlungene Armnerv (nerv. axillaris s. circumflexus humeri) tritt hinter dem Schultergelenk hervor, giebt Zweige an die Auswärtszieher des Armes, an den hinteren Gräten= und an den gemeinschaftlichen Muskel, dann noch einen Hautzweig an die innere Seite (1. Fig. 2.).
3. Der vordere Ast des Mittelnervens (32. Fig. 1.) geht an die Strecker und an den kurzen Beuger des Vorderarmes, dann an die Strecker am Vorderarm und an den äußeren Kniebeuger.

4. 4. Der Hautast des Ellenbogennervens geht am hinteren Rande des Vorderames herab, giebt
5. einen Verbindungszweig an
6. den äußeren Ast des Speichennervens, und endigt dann in der Haut.

Figur 4. Die Hautnerven an der äußeren Seite des linken Vorderarmes und Fußes des Pferdes.

1.\
2.} Hautzweige vom vorderen Aste des Mittelnervens,

3. Oberer Hautzweig vom Ellenbogennerven,

4.\
5.} Hautzweige vom Ellenbogennerven (4. 4. Fig. 3.).

Tabula 69.

Figur 1. Die oberflächlichen Nerven an der rechten hinteren Gliedmaaße, von der inneren Seite gesehen.

a. Die zurückgeschlagene Bauchdecke,
b. die Vorhaut,
c. männliche Ruthe,
d. d. Harnröhre,
e. Mastdarm,
f. After,
g. der Heber des Afters (durchgeschnitten),
h. der Seitwärtszieher des Schwanzes.

1. Der hintere Ast des Darmbein=Bauchnervens (n. ilio-hypogastricus) entspringt aus dem ersten Lendennerven und endigt in den Bauchmuskeln und in der Leistengegend.
2. Der hintere Ast des Darmbein=Leistennervens (n. ilio-inguinalis) entspringt aus dem ersten und zweiten Lendennerven und endigt in der Leistengegend in den Drüsen und im Hodensacke.
3. Der äußere Saamennerv (n. spermaticus externus) entspringt aus dem zweiten und dritten Lendennerven und endigt im Hodenmuskel.
4. Der innere Schaamnerv (n. pudendus internus) entspringt aus dem dritten Kreuznerven, verbindet sich mit dem vierten, giebt einen Zweig an den Seitwärtszieher des Schwanzes und an den Heber des Afters, dann

4.4. den Rückennerven der Ruthe (n. dorsalis penis), welcher sich um den hinteren Rand des Sitzbeines umschlägt und so an die Ruthe gelangt; endlich geht noch
5. der mittlere Mastdarmnerv (n. haemorrhoideus medius) an die inneren Geschlechtstheile und an das hintere Ende des Mastdarmes.
6. Der hintere Mastdarmnerv (nerv. haemorrhoideus posterior) entspringt aus dem vierten Kreuznerven und endigt im hinteren Ende des Mastdarmes.
7.7. Der innere Hautnerv (nerv. saphenus) geht vom Schenkelnerven ab (6.6. Fig. 2.), theilt sich in mehrere Zweige, und verbreitet sich an der inneren Fläche des Schenkels bis unter das Sprunggelenk in der Haut.

Figur 2. Die tieferen Nerven der rechten hinteren Gliedmaaße, von der inneren Seite gesehen.

a.a. Der Psoas-Muskel (durchgeschnitten),
b. der große Lendenmuskel,
c.c. der dünne Einwärtszieher des Unterschenkels (durchgeschnitten und umgeschlagen),
d. der Darmbeinmuskel,
e. der birnförmige Muskel,
f.f. der breite Einwärtszieher des Unterschenkels (durchgeschnitten),
g. der dicke Einwärtszieher des Oberschenkels,
h. der äußere Verstopfungsmuskel (alle vier sind vom Bekken abgetrennt),
i. der mittlere Einwärtszieher des Oberschenkels.
1.1. Der äußere Hautnerv (n. subcutaneus externus) entspringt aus dem dritten Lendennerven, geht am Spanner der Schenkelbinde herab, und verzweigt sich in der Haut. Drei Wurzeln aus
2. dem vierten
3. dem fünften und } Lendennerven bilden
4. dem sechsten
5. den Schenkelnerven (nerv. cruralis), welcher sich in
6.6. den inneren Hautnerven (7.7. Fig. 1.) und in
7. den Muskelast theilt, der sich in den Streckern des Unterschenkels verzweigt. Ebenfalls drei Wurzeln aus

8. dem

8. dem vierten
9. dem fünften und } Lendennerven bilden
10. dem sechsten

11. 11. den Verstopfungs- oder Hüftbeinloch-Nerven (n. obturatorius), der durch das eirunde Loch heraustritt, und sich in den Muskeln (f g. h. i.) verzweigt. Durch die Vereinigung
12. des sechsten Lendennervens,
13. des ersten und
14. des zweiten Kreuznervens entsteht
15. das Kreuzgeflecht (plexus sacralis), aus welchem zuerst
16. der Gesäßnerv (n. glutaeus superior) entspringt; hierauf gehen
17. kleine Zweige an den Sitzbein- und birnförmigen Muskel ab, dann
18. der Hüftnerv (n. ischiadicus), der stärkste Nerv am ganzen Körper. Endlich entspringen noch aus dem Kreuzgeflecht
19. der Sitzbeinnerv (n. glutaeus inferior) und
20. die hinteren Hautnerven des Oberschenkels (nervi subcutanei femoris posteriores).
21. Der innere Schaamnerv (4. Fig. 1.).
22—36. Die fünf Schwanznerven (nervi coccygei) verbinden sich unter einander, geben Zweige an die Schwanzmuskeln und bilden endlich
27. 27. den fortlaufenden Ast, der bis an das Ende des Schwanzes geht.
28. Der Schienbein- oder Schenkelbeinnerv (nervus tibialis).

Tabula 70.

Figur 1. Die Nerven an der äußeren Seite des rechten Hinterschenkels.

a. Der lange,
b. der kurze Heber des Schwanzes,
c. der äußere,

d. der große Backenmuskel (eingeschnitten),
e. der lange,
f. der kurze und
g. der mittlere Auswärtszieher des Unterschenkels,
h. der lange Einwärtszieher des Oberschenkels,
i. der dicke Einwärtszieher des Unterschenkels,
k. k. der äußere Zwillingsmuskel,
l. l. der Beuger des Kronenbeines (beide durchgeschnitten),
m. der dicke Beuger des Hufbeines,
n. der dünne Strecker des Sprunggelenkes,
o. o. der seitliche und
p. p. der vordere Strecker des Hufbeines.
1. Der Gesäßnerv (16. Fig. 2. Tab. 69.) verbreitet sich in den Backenmuskeln,
2. 2. der Sitzbeinnerv (19. das.) verzweigt sich im langen Auswärtszieher des Unterschenkels. Der Hüftnerv tritt hinter dem Oberschenkel hervor und theilt sich in den Schenkelbeinnerven und in
3. 3. den Wadenbeinnerven (nerv. peroneus); er giebt
4. einen Zweig an den kurzen und mittleren Auswärtszieher des Unterschenkels; hierauf geht er über den äußern Zwillingsmuskel an den Unterschenkel und theilt sich in
5. 5. den tiefen Ast (ramus profundus), welcher an die Muskeln am Unterschenkel Zweige abgiebt, dann herabläuft, und sich am Sprunggelenk in
6. den inneren und
7. äußeren Zweig spaltet, dann in
8. 8. den oberflächlichen Ast (ramus superficialis), welcher an den seitlichen Hufbeinstrecker und an die Haut geht.
9. 9. Der Schienbein- oder Schenkelbeinnerv (n. tibialis) ist der stärkere Ast des Hüftnervens, er giebt schon oben
10. 10. Zweige an den dicken und langen Einwärtszieher des Unterschenkels; dann
11. 11. den langen hinteren Hautnerven (n. cutaneus longus posterior tibiae), welcher in der Haut unter dem Sprunggelenk endigt, ferner
12. die Zweige für die Muskeln (k. l. m.) an der hinteren Fläche des Unterschenkels, und
13. den fortlaufenden Stamm, der sich an der inneren Seite des Sprunggelenkes in die beiden Sohlennerven spaltet, die wie die beiden Aeste des Speichennervens am Vorderfuße verlaufen.

14—18. Die oberen Aeste der fünf Schwanznerven verbinden sich unter einander (wie die unteren 22—26. Fig. 2. Tab. 69.), und von ihnen geht ein Zweig bis zum Ende des Schwanzes.

Figur 2. Die Thränenorgane am rechten Auge.

1. Die Thränendrüse (glandula lacrymalis),
2. die Ausführungsgänge derselben;
3. das obere und
4. das untere Augenlied bilden den äußeren und inneren Augenwinkel, in diesem liegt
5. die Thränenkarunkel (caruncula lacrymalis), und von beiden Augenliedern kommen
6.6. die Thränenröhrchen (canaliculi lacrymales), welche sich im
7. Thränensacke (saccus lacrymalis) vereinigen; aus diesem geht
8.8. der Thränenkanal (canalis lacrymalis) hervor, der unter dem Thränen-, Nasen- und Oberkieferbeine herabläuft und im Nasenloche bei
9. mündet, nahe an
10. der Nasenscheidewand.

Figur 3. Der Blinzknorpel mit der Harder'schen Drüse.

1.1. Der Blinzknorpel (cartilago membranae nictitantis),
2. die Harder'sche Drüse (glandula Harderi).

Figur 4. Die beiden Augenlieder mit dem Blinzknorpel, von der inneren Seite gesehen.

1. Der Blinzknorpel,
2.2. die Harder'sche Drüse mit ihrem
3. Ausführungsgange (in welchen eine Borste eingebracht ist).

4.4. Die Thränenpunkte (puncta lacrymalia) sind die äußeren Oeffnungen der Thränenröhrchen,
5. die Thränenkarunkel;
6. das obere Augenlied (palpebra superior) mit
7.7. den Maibom'schen Talgdrüsen (glandulae Maibomianae) und
8. den Augenwimpern (cilia);
9. das untere Augenlied (palpebra inferior).

FSC
www.fsc.org
MIX
Papier | Fördert
gute Waldnutzung
FSC® C083411

Zeitfracht Medien GmbH
Ferdinand-Jühlke-Straße 7
99095 Erfurt, Deutschland
produktsicherheit@kolibri360.de